"十四五"应用型高校建设精品课程规划教材

信息技术基础实训教程

XINXI JISHU JICHU SHIXUN JIAOCHENG

主　审　任　勇

主　编　陈志峰　胡清泉

副主编　王　璞　董逸君　谭丽峰

编　者　王善强　冯　奇　张俊杰

苏州大学出版社

Soochow University Press

图书在版编目(CIP)数据

信息技术基础实训教程／陈志峰,胡清泉主编. —
苏州:苏州大学出版社,2022.7
"十四五"应用型高校建设精品课程规划教材
ISBN 978－7－5672－4000－1

Ⅰ.①信… Ⅱ.①陈… ②胡… Ⅲ.①电子计算机 －
高等学校 － 教材 Ⅳ.①TP3

中国版本图书馆 CIP 数据核字(2022)第 107305 号

书　　名：信息技术基础实训教程
主　　编：陈志峰　胡清泉

责任编辑：管兆宁
装帧设计：刘　俊

出版发行：苏州大学出版社(Soochow University Press)
社　　址：苏州市十梓街 1 号　邮编：215006
印　　装：常州市武进第三印刷有限公司
网　　址：http://www.sudapress.com
邮　　箱：sdcbs@ suda.edu.cn
邮购热线：0512－67480030
销售热线：0512－67481020

开　　本：787 mm×1 092 mm　1/16　印张：12.5　字数：297 千
版　　次：2022 年 7 月第 1 版
印　　次：2022 年 7 月第 1 次印刷
书　　号：ISBN 978－7－5672－4000－1
定　　价：40.00 元

凡购本社图书发现印装错误,请与本社联系调换。
服务热线：0512－67481020

前 言

Preface

　　本书是大学计算机信息技术基础课程的实训教材,着重于计算机应用的实践操作,重点介绍了 Windows 10 操作系统、办公自动化软件 Office 2016 和 Python 自动化办公应用等内容。本书涵盖全国高等学校计算机等级考试办公软件应用的考试内容,可单独作为高校计算机信息技术基础实践课程教学和上机指导教材,也可作为全国计算机等级考试一级考试的学习参考资料。

　　本书知识全面,习题丰富,案例典型,实用性强;结构编排完整,层次分明,概念阐述清晰,操作步骤详细,强调理论学习和能力培养的结合;为适应当前人工智能方兴未艾的发展需要,增加了 Python 基础及其在办公自动化中的应用等内容,有效实现了理论知识和实际应用的紧密结合。

　　本书共分 5 章。第 1 章由王善强、冯奇编写;第 2 章由董逸君、谭丽峰编写;第 3 章由王璞编写;第 4 章由胡清泉编写;第 5 章由陈志峰编写;全国计算机等级考试模拟卷及程序调测由张俊杰负责。本书由任勇任主审,陈志峰和胡清泉任主编,王璞、董逸君、谭丽峰任副主编。特别感谢徐云龙对全书的框架设计、内容编排提出了诸多宝贵的意见和建议。

　　囿于编者水平和能力,书中难免存在错误及疏漏之处,恳请广大师生和专家批评、指正。

编 者

2022.4

第 3 章 Excel 2016

第 4 章 PowerPoint 2016

第 5 章 Python 基础

参考文献

附录：全国计算机等级考试一级考试模拟卷

第 1 章　Windows 10 操作系统

　　操作系统是计算机系统的内核,是管理计算机硬件与软件资源的程序模块,是人机对话的桥梁。它的主要作用是控制和管理计算机系统中的硬件资源和软件资源,提高系统资源的利用率,并为计算机用户提供各种强有力的使用功能。

　　1995 年 8 月 24 日,微软公司开发出了图形化操作界面的操作系统 Windows 95,"开始"菜单首次在该版本出现,之后又相继推出了 Windows 98、Windows 2000、Windows XP、Windows 7、Windows 10 等不同版本的操作系统。现今的计算机普遍安装的都是 Windows 操作系统。本章将以 Windows 10 为基础,介绍 Windows 操作系统的有关概念和操作方法。

1.1　Windows 10 操作系统概述

　　Windows 10 是由美国微软公司开发的应用于计算机和平板电脑的操作系统,于 2015 年 7 月 29 日发布正式版。Windows 10 操作系统在易用性和安全性方面有了极大的提升,除了针对云服务、智能移动设备、自然人机交互等新技术进行融合外,还对固态硬盘、生物识别、高分辨率屏幕等硬件进行了优化完善与支持。

1.1.1　Windows 10 系统安装

　　登录微软公司(中国)主页,下载 Windows 10 正版安装包,如图 1-1 所示。

图 1-1 微软公司(中国)主页

　　如果设备已经安装 Windows 10 操作系统,可以更新到最新版本,在更新之前,请参阅 Windows 版本信息状态中的已知问题,确认当前设备不受影响。更新助手可以帮助你更新到 Windows 10 的最新版本。若要开始更新,请单击"立即更新",如图 1-2 所示。

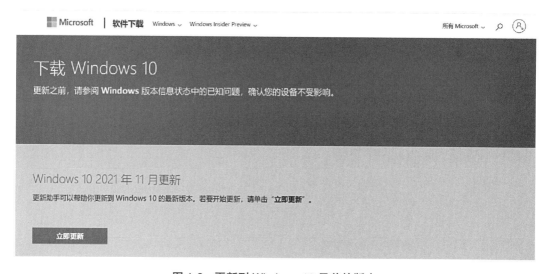

图 1-2 更新到 Windows 10 目前的版本

　　如果当前设备从 Windows 7 或 Windows 8.1 进行升级,需要在设备上重新安装 Windows 10。开始使用前,首先需要获得安装 Windows 10 所需的许可,下载安装工具,如图 1-3 所示。

图 1-3　下载安装 Windows 10 工具

下载完毕,双击鼠标左键(以下简称"双击")运行。在许可条款页面上,如果你接受许可条款,选择接受,如图 1-4 所示。

如果没有安装 Windows 10 的许可证,并且以前尚未升级到此版本,则需要购买。如果之前已在此电脑上升级到 Windows 10 且正在重新安装,则无须输入产品密钥。在准备好安装 Windows 10 时,系统将向你显示所选内容以及在升级过程中要保留的内容的概要信息。按提示要求进行选择,保存并关闭可能在运行中任何打开的应用程序和文件,在做好准备后,选择下一步安装。这样就完成了 Windows 10 的在线更新安装工作。升级界面如图 1-5 所示。

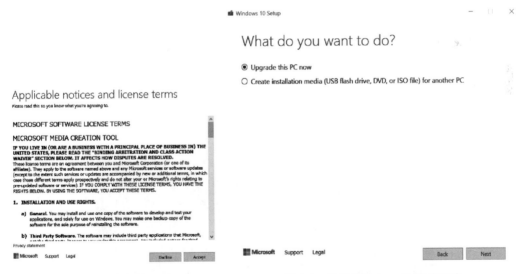

图 1-4　许可条款页面　　　　　　图 1-5　升级 Windows10 操作系统

如果要在运行 Windows XP 或 Windows Vista 的电脑上安装 Windows 10,或者你需要创建安装介质以在其他电脑上安装 Windows 10,则需要下载好工具创建安装介质(USB 闪存驱动器、DVD 或 ISO 文件),用来在其他电脑上安装 Windows 10 操作系统。下载安装介质工具如图 1-6 所示。

是否希望在您的电脑上安装 Windows 10？

要开始使用，您需要首先获得安装 Windows 10 所需的许可，然后下载并运行媒体创建工具，有关如何使用该工具的详细信息，请参见下面的说明。

立即下载工具

隐私

⊕ 使用该工具可将这台电脑升级到 Windows 10（单击可显示详细或简要信息）

⊖ 使用该工具创建安装介质（USB 闪存驱动器、DVD 或 ISO 文件），以在其他电脑上安装 Windows 10（单击可显示详细或简要信息）

按照以下步骤创建可用于安装新的 Windows 10 副本、执行全新安装或重新安装 Windows 10 的安装介质（USB 闪存驱动器或 DVD）。

图 1-6 下载安装介质工具

下载完成后运行工具,根据需要安装系统的设备配置来选择 Windows 10 的语言、版本和体系结构,选择安装介质,包括 USB 闪存驱动器和 ISO 文件。使用创建好的安装介质完成 Windows 10 操作系统的安装,并检查以确保安装了所有必要的设备驱动程序。若要立即检查更新,请选择"开始"按钮,然后转到"设置"→"更新和安全"→"Windows 更新",再选择"检查更新",即可以访问设备制造商的支持站点来获取所需的额外驱动程序。

1.1.2 Windows 10 的启动与退出

1. Windows 10 的启动

（1）打开外设电源开关和主机电源开关,计算机进行开机自检。

（2）通过自检后,进入如图 1-7 所示的 Windows 10 登录界面。

（3）选择需要登录的用户名,然后在用户名下方的文本框中输入登录密码,按【Enter】键或者单击(指单击鼠标左键,以下简称"单击")文本框右侧的按钮,即可开始加载个人设置,进入 Windows 10 系统桌面。

图 1-7 Windows10 登录界面

2. Windows 10 的退出

（1）退出前先关闭当前正在运行的程序,然后单击"开始"按钮,弹出如图 1-8 所示的

"开始"菜单。

（2）单击"电源"按钮,弹出如图 1-9 所示的"电源"菜单,选择相应的选项,可实现不同程度上的系统退出。

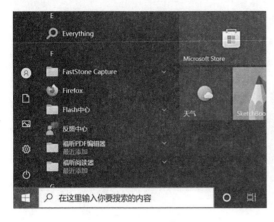

图 1-8　"开始"菜单

图 1-9　"电源"菜单

如图 1-9 所示,退出系统主要有以下几种选择：

（1）睡眠。睡眠是退出 Windows 10 操作系统的另一种方法,选择"睡眠"选项后,系统会将用户的工作内容保存在硬盘上,并将计算机上所有的部件断电。此时,计算机并没有真正地关闭,而是进入了一种低耗能状态。如果用户要将计算机从睡眠状态唤醒,则必须重新按下主机上的电源按钮,启动计算机并再次登录,即可恢复到睡眠前的工作状态。

（2）关机。选择"关机"选项后,系统将自动保存相关信息,然后关闭计算机。

（3）重启。选择"重启"选项后,系统将自动保存相关信息,然后将计算机重新启动并进入"用户登录界面",再次登录即可。

此外,如图 1-10 所示,"账户选项"菜单也有几种退出选择：

图 1-10　"账户选项"菜单

（1）锁定。当用户需暂时离开计算机,但还在进行某些操作又不方便停止,也不希望其他人查看自己机器里的信息时,就可以选择"锁定"选项使电脑锁定。再次使用时,恢复到"用户登录界面",通过重新输入用户密码才能开启计算机进行操作。

（2）注销。Windows 10 同样允许多用户操作,每个用户都可以拥有自己的工作环境并对其进行相应的设置。当需要退出当前的用户环境时,可以选择"注销"选项,系统将个人信息保存到磁盘中并切换到"用户登录界面"。注销功能和重新启动相似,在注销前要关闭当前运行的程序,以免造成数据的丢失。

1.1.3　Windows 10 桌面操作

进入 Windows 10 后,首先映入眼帘的是如图 1-11 所示的桌面。桌面是打开计算机并登录到 Windows 10 之后看到的主屏幕区域,就像实际的桌面一样,它是主窗口、图标、对话框等工作项所在的屏幕背景。

图 1-11　Windows 10 桌面

一、桌面图标

Windows 启动后,用户所看到的整个屏幕我们通常称为桌面。桌面就是屏幕上的空白表面,常用的 Windows 部件皆可放置其上。桌面是屏幕的整个背景区域,Windows 利用桌面承载各类系统资源,它将桌面文件夹中的内容以图标的形式直观地呈现在屏幕上,便于用户使用。

1."此电脑"图标

这是一个系统文件夹,用户通常通过它来访问硬盘、光盘、可移动硬盘及连接到计算机的其他设备,可查看文件或文件夹资源及了解存储介质上的剩余空间。"此电脑"是用户访问计算机资源的一个入口,双击可打开文件资源管理器程序,右击"此电脑"图标,选择"属性",可以查看这台计算机安装的操作系统版本、处理器、内存等基本性能指标。

2."用户文件夹"图标

Windows 操作系统会自动给每个用户帐户建立一个个人文件夹,它是根据当前登录到 Windows 的用户帐户命名的。此文件夹包括"文档""音乐""图片""视频"等系统自建的子文件夹。用户新建文件并保存时,系统默认保存在"用户文件夹"下相应的子文件夹中。用户通常将自己的个人文件夹图标设置显示在桌面上。

3."控制面板"图标

"控制面板"中可以进行系统设置和设备管理,用户可以根据自己的喜好,设置 Windows 外观、语言、时间、网络属性等,还可以添加或删除程序、查看硬件设备等,如图 1-12 所示。

图 1-12　控制面板

4."回收站"图标

"回收站"是系统自动生成的硬盘中的特殊文件夹,用来保存被逻辑删除的文件和文件夹。回收站是硬盘上的一块存储空间,被删除的对象往往先被放入回收站,而并没有真正地被删除。

将所选文件删除到回收站是一个不完全的删除。如果需要再次使用该删除文件,可以从回收站的"文件"菜单中选择"还原"命令将其恢复,并放回原来的位置;如果不再需要时,可以从回收站的"文件"菜单中选择"删除"命令将其真正从回收站中删除;还可以从回收站"文件"菜单中选择"清空回收站"命令将文件全部从回收站中删除。回收站的空间可以调整。在回收站界面单击鼠标右键,在弹出的菜单中选择"属性"选项,可以调整回收站的空间。

二、"开始"按钮

Windows 10 系统推出的"开始"菜单,功能更加强大,设置更加丰富,操作更加人性化。用户通过合理的设置,可以有效地提高工作效率。"开始"菜单如图 1-13 所示,它分为应用区和磁贴区两大区域。

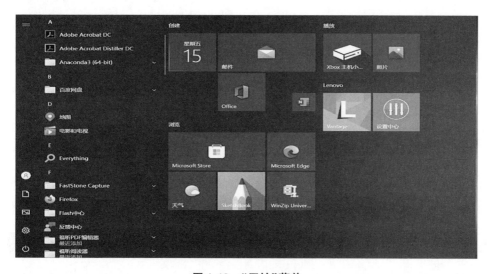

图 1-13　"开始"菜单

1. 所有应用

单击桌面左下角的 Windows 图标,即"开始"按钮,在弹出页面的应用设置区单击"所有应用程序"选项,会弹出目前系统中已安装的应用程序清单,且是按照数字 0~9、拼音A~Z 顺序依次排列的。任意选择其中一项,单击可以启动该应用。

如果该应用未固定到磁贴区,则单击右键,弹出窗口会显示"固定到'开始'屏幕"选项,单击即可将此应用的快捷方式添加到磁贴区,否则会显示"从'开始'屏幕取消固定"选项,选择后可以从磁贴区取消该快捷方式;单击"卸载"选项,可以快速对此应用进行卸载操作;单击"更多"选项,可弹出更多的选项窗口;单击"固定到任务栏"选项,可以将该应用的快捷方式固定到任务栏上;单击"以管理员身份运行"选项,可以以管理员身份运行此程序;单击"打开文件位置"选项,可以打开该应用的快捷方式所在的文件夹。

2. 电源

单击"电源"按钮,弹出"电源"菜单,如图 1-9 所示,有"睡眠""关机""重启"选项。单击"睡眠"选项,可以使计算机进入睡眠状态;单击"关机"选项,可以关闭计算机;单击"重启"选项,可以将计算机重新启动。

3. 设置

单击"设置"选项,弹出"Windows 设置"窗口,该窗口作用与控制面板类似,但操作上比控制面板要清晰、简洁一些,如图 1-14 所示。

图 1-14 "Windows 设置"窗口

三、任务栏

系统默认状态下任务栏位于屏幕的底部,如图 1-15 所示,用户可以根据自己的习惯使用鼠标将任务栏拖动到屏幕的其他位置。任务栏最左边是"开始"按钮,往右是搜索区域、程序按钮区和系统通知区。

图 1-15 Windows 10 任务栏

1."开始"按钮

单击"开始"按钮或按下 Windows 徽标键,即可打开"开始"菜单,左侧依次为用户帐户头像、常用的应用程序列表及快捷选项,右侧为"开始"屏幕。

2. 搜索区域

Windows 10 中,在搜索框中直接输入关键词或打开"开始"菜单输入关键词,即可搜索相关的桌面程序、网页、信息资料等。

3. 程序按钮区

显示正在运行的应用程序和文件的按钮图标。

4. 系统通知区域

默认情况下,通知区域位于任务栏的右侧。它包含一些程序图标,这些程序图标提供有关传入的电子邮件、更新、网络连接、电量等事项的状态和通知。安装新程序时,可以将此程序的图标添加到通知区域。

 ## 1.2　Windows 10 的文件和文件夹管理

1.2.1　文件与文件目录

一个文件的内容可以是一个可运行的应用程序、一篇文章、一个图形、一段数字化的声音信号或者任何相关的一批数据等。文件的大小用该文件所包含信息的字节数计算。每个文件都有一个名字,用户在使用时,要指定文件的名字,文件系统正是通过这个名字确定要使用的文件保存在何处。

一、文件名

一个文件的文件名是它的唯一标识,文件名可以分为两部分:主文件名和扩展文件名。一般来说,主文件名应该是有意义的字符组合,在命名时尽量做到见名知意;扩展名用来表示文件类型,一般由系统自动给出,大多由 3 个字符组成,可见名知类。Windows 系统中支持长文件名(最多 255 个字符),文件命名有以下约定。

(1) 文件名中不能出现以下字符:\、|、/、<、>、:、"、* 。

(2) 文件名中的英文字母不区分大小写。

(3) 在查找和显示时可以使用通配符"?"和" * ",其中"?"代表任意一个字符," * "代表任意多个字符,如" * . * "代表任意文件,"? a * .docx"代表文件名的第 2 个字符是字母 a 且扩展名是 docx 的一类文件。文件的扩展名表示文件的类型,不同类型文件的处理是不同的,常见文件扩展名及其含义如表 1-1 所示。

表 1-1　常用文件扩展名及其含义

文件类型	扩展名	含　义
MS Office 文件	DOCX(或 DOC)、XLSX(或 XLS)、PPTX(或 PPT)	Word、Excel、PowerPoint 文档
音频文件	WAV、MID、MP3	不同格式的音频文件

续表

文件类型	扩展名	含　义
图像文件	JPG、PNG、BMP、GIF	不同格式的图像文件
流媒体文件	WMV、RMVB、QT	能通过 Internet 访问的流式媒体文件,支持边下载边播放,不必下载完再播放
网页文件	HTM、HTML	网页文件
压缩文件	RAR、ZIP	压缩文件
可执行文件	EXE、COM	可执行程序文件
源程序文件	C、BAS、CPP	程序设计语言的源程序文件
动画文件	SWF	Flash 动画发布文件
文本文件	TXT	纯文本文件
帮助文件	HLP	帮助文件

二、文件目录

Windows 操作系统的文件系统采用了树形目录结构,每个磁盘分区可建立一个树形文件目录。磁盘依次命名为 A、B、C、D 等,其中 A 和 B 指定为软盘驱动器,C 及排在它后面的磁盘用于指定硬盘,或用于指定其他性质的逻辑盘、微机的光盘,以及连接在网络上或网络服务器上的文件系统或其中某些部分等。

在树形目录结构中,每个磁盘分区上有一个唯一的最基础的目录,称为根目录,其中可以存放一般的文件,也可以存放另一个目录,即称为当前目录的子目录。子目录中存放文件,还可以包含下一级的子目录。根目录以外的所有子目录都有各自的名字,以便在进行与目录和文件相关的操作时使用。而各个外存储器的根目录可以通过盘的名字直接指明。

树形目录结构中的文件可以按照相互之间的关联程度存放在同一个子目录里,或者存放到不同的子目录里。一般原则是,与某个系统软件或者某个应用工作相关的一批文件存放在同一个子目录里,不同的软件存放在不同的子目录。如果一个软件系统的有关文件很多,还可以在它的子目录中建立下一步的子目录。用户也可以根据需要为自己的各种文件分门别类地建立子目录。

三、文件访问

采用树形目录结构,计算机中信息的安全可以得到进一步的保护,由于名字冲突而引发矛盾的可能性也因此大大降低。例如,两个不同的子目录里可以存放名字相同而内容完全不同的两个文件。用户要调用某个文件时,除了给出文件的名字外,还要指明该文件的路径名。文件的路径名从根目录或当前目录开始,描述了用于确定一个文件要经过的一系列中间目录,形成了一条找到该文件的路径。

文件路径在形式上由一串目录名拼接而成,各目录名之间用反斜杠(\ )符号隔离。文件路径分为绝对路径和相对路径两种。

(1)绝对路径:绝对路径是指根目录下的绝对位置,直接到达目标位置,通常是从盘符开始的路径。例如,C:\xyz\test.txt 代表了 test.txt 文件的绝对路径。

（2）相对路径：相对路径就是指由这个文件所在的路径引起的跟其他文件（或文件夹）的路径关系。使用相对路径可以为我们带来非常多的便利。

1.2.2　文件和文件夹操作

文件和文件夹操作包括文件和文件夹的选定、创建、复制、移动、删除、搜索、重命名、属性设置等。另外，根据需求还需要对文件和文件夹进行压缩和解压缩。

一、选择文件或文件夹

1. 选择一个文件或文件夹

用鼠标单击该文件或文件夹可以选定该项。

2. 选择多个文件或文件夹

（1）按住【Shift】键选择多个连续文件。

单击第一个要选择的文件或文件夹图标，使其处于高亮选中状态，按住【Shift】键不放，单击最后一个要选择的文件或文件夹，即可将多个连续的对象一起选中，如图 1-16 所示。松开【Shift】键，即可对所选文件进行操作。

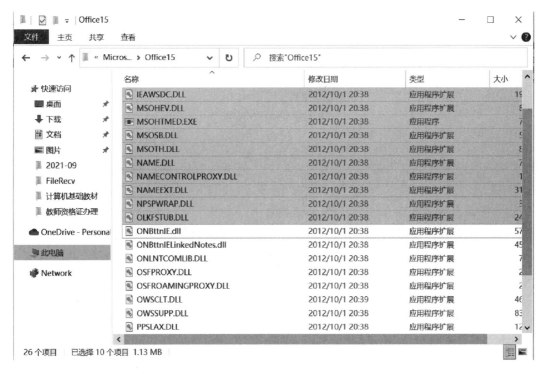

图 1-16　选择多个文件

（2）使用鼠标框选择多个连续的文件。

在第一个或最后一个要选择的文件外侧按住鼠标左键，然后拖动出一个虚线框将所要选择的文件或文件夹框住，松开鼠标，文件或文件夹将被高亮选中。

（3）选择多个不连续的文件或文件夹。

按住【Ctrl】键不放，依次单击要选择的文件或文件夹。将需要选择的文件全部选中后，松开【Ctrl】键即可进行操作。

二、创建文件或文件夹

在 Windows 中,有些文件夹是在安装时系统自动创建的,不能随意地向这些文件夹中放入其他文件夹或文件。当用户要存入自己的文件时,可以创建自己的文件夹,创建文件夹的方法有很多种。

1. 在桌面创建文件夹

在桌面空白处单击鼠标右键,在弹出的快捷菜单中执行"新建"→"文件夹"命令,如图 1-17 所示,在桌面上会出现一个名为"新建文件夹"的文件夹。此时可以根据需要输入新的文件夹名,输入后按【Enter】键或单击鼠标,则文件夹创建并命名完成。

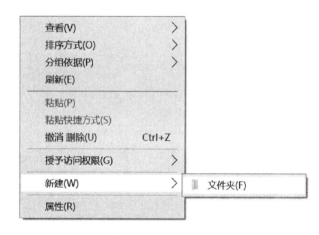

图 1-17　新建文件夹

2. 通过"文件资源管理器"创建文件夹

打开"文件资源管理器"窗口,选择创建文件夹的位置。例如,要在 C 盘上新建一个文件夹。打开 C 盘,在"主页"选项卡中执行"新建"命令;或在 C 盘文件列表的空白处单击鼠标右键,在弹出的快捷菜单中执行"新建"→"文件夹"命令,创建并命名文件夹。

三、移动文件或文件夹

为了更好地管理计算机中的文件,经常需要调整一些文件或文件夹的位置,将其从一个磁盘(或文件夹)移动到另一个磁盘(或文件夹)。移动文件或文件夹的方法相同,以下是几种常用的移动方法。

1."剪切"和"粘贴"的配合使用

首先选中需要移动的文件或文件夹,执行"主页"选项卡下"剪贴板"功能区中的"剪切"命令,将选中的文件或文件夹剪切到剪贴板上;然后将目标文件夹打开,执行"主页"选项卡中的"粘贴"命令,如图 1-18 所示,将所剪切的文件或文件夹移动到打开的文件夹中。

2. 用鼠标左键移动文件或文件夹

按下【Shift】键的同时按住鼠标左键,拖动所要移动的文件或文件夹到目标位置,松开鼠标左键,即可将所选文件或文件夹移动到目标处。

3. 用鼠标右键移动文件或文件夹

按住鼠标右键,拖动所要移动的文件或文件夹到目标位置(此时目标处的文件夹的文件名将被选中),松开鼠标右键,显示如图 1-19 所示的快捷菜单,选择快捷菜单中的"移动到当前位置",即可移动到目标处。

图 1-18　粘贴文件或文件夹

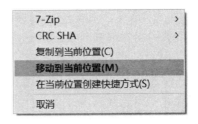

图 1-19　快捷菜单

4. 使用"主页"选项卡移动文件或文件夹

选择欲移动的文件或文件夹,执行"主页"选项卡下"组织"功能区中的"移动到"命令,如图 1-20 所示,选择一个目标位置,也可以自己选择位置,弹出"移动项目"对话框,在该对话框中打开目标文件夹,单击"移动"按钮即可。

图 1-20　移动项目

四、复制文件或文件夹

为了避免数据丢失,需要将一个文件从一个磁盘(或文件夹)复制到另一个磁盘(或文件夹)中,以作备份。

1. "复制"和"粘贴"的配合使用

首先选中需要复制的文件或文件夹,执行"主页"选项卡下"剪贴板"功能区中的"复制"命令,将选中的文件或文件夹复制到剪贴板上,然后打开目标文件夹,执行"主页"选项卡中的"粘贴"命令,将文件或文件夹复制到打开的文件夹中。

2. 用鼠标左键复制文件或文件夹

按下【Ctrl】键的同时按住鼠标左键,拖动所要复制的文件或文件夹到目标位置,松开鼠标左键,即可将所选文件或文件夹复制到目标处。

3. 用鼠标右键复制文件或文件夹

按住鼠标右键拖动所要复制的文件或文件夹到目标位置,松开鼠标右键,选择快捷菜单中的"复制到当前位置"命令,即可将所选文件或文件夹复制到目标处。

4. 使用"主页"选项卡复制文件或文件夹

选择欲复制的文件或文件夹,执行"主页"选项卡下"组织"功能区中的"复制到文件夹"命令,选择一个目标位置;也可以自己选择位置,在弹出的"复制项目"对话框中打开目标文件夹,单击"复制"按钮即可。

五、删除文件或文件夹

一些无用的文件或文件夹应及时删除,以腾出磁盘空间供其他工作使用。删除文件或文件夹的方法相同,也有很多种。

1. 使用"主页"选项卡删除文件或文件夹

选定要删除的文件或文件夹,执行"主页"选项卡下"组织"功能区中的"回收"或"永久删除"命令,用户也可以根据需要选择"显示回收确认"窗口,如图 1-21 所示。

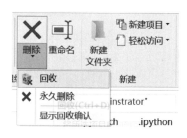

图 1-21　删除项目

2. 使用键盘删除文件或文件夹

选定要删除的文件或文件夹,按下键盘上的【Delete】键即可。

3. 直接拖入回收站

选定要删除的文件或文件夹,在回收站图标可见的情况下,拖动待删除的文件或文件夹到回收站即可。

4. 使用快捷菜单删除文件或文件夹

选定要删除的文件或文件夹,在其上单击鼠标右键,在弹出的快捷菜单中选择"删除"命令即可。

5. 彻底删除文件或文件夹

以上删除方式都是将被删除的对象放入回收站,需要时还可以还原。彻底删除是将被删除的对象直接删除而不放入回收站,因此无法还原。其方法是:选中将要删除的文件或文件夹,按下【Shift】+【Delete】组合键,显示如图 1-22 所示的提示信息,单击"是"按钮,即可将所选文件或文件夹彻底删除。

图 1-22　彻底删除文件提示窗口

六、重命名文件或文件夹

在对文件或文件夹的管理中,常常遇到需要对文件或文件夹进行重命名。对文件或文件夹进行重命名可以有很多方法。

1. 使用"主页"选项卡重命名文件或文件夹

选择欲重命名的文件或文件夹,执行"主页"选项卡下"组织"功能区中的"重命名"命令,所选文件或文件夹的名字将被高亮选中在一个文本框中,如图 1-23 所示。在文本框中输入文件或文件夹的新名称,按下回车键或单击文件列表的其他位置,即可完成对文件或文件夹的重命名。

此电脑 › Windows (C:)			⌄ ↻
名称 ^	修改日期	类型	大小
PerfLogs	2019/12/7 17:14	文件夹	
Program Files	2022/4/14 20:44	文件夹	
Program Files (x86)	2022/4/13 18:39	文件夹	
Windows	2022/4/14 0:25	文件夹	
Wondershare	2022/3/5 15:21	文件夹	
用户	2021/9/3 11:12	文件夹	
新建文件夹	2022/4/16 14:11	文件夹	

图 1-23　重命名文件或文件夹

2. 使用快捷菜单重命名文件或文件夹

在需要重命名的文件或文件夹上单击鼠标右键,在弹出的快捷菜单中选择"重命名"命令,此时所选文件或文件夹的名字将被高亮选中在一个文本框中,输入新名称,然后按下回车键即可。

3. 两次单击鼠标重命名

单击需要重命名的文件或文件夹,然后再次单击此文件或文件夹的名称,此时所选文件或文件夹的名字将被高亮选中在一个文本框中,输入新名称,然后按下回车键即可。

七、更改文件或文件夹属性

文件或文件夹的属性包括"常规""安全""位置"等属性,如图 1-24 所示,有些属性用户是不能修改的,如"类型""位置""大小""占用空间"等,有些属性用户是可以设置的,如"只读""隐藏""存档""共享""访问权限"等。

1. 属性分类

(1)"只读"属性。

设置为"只读"属性的文件只能允许读操作,即只能运行,不能被修改。将文件设置为"只读"属性后,可以保护文件不被修改和破坏。

(2)"隐藏"属性。

设置为"隐藏"属性的文件名不能在窗口中显示。对"隐藏"属性的文件,如果不知道文件名,就不能删除该文件,也无法调用该文件。如果希望能够在"文件资源管理器"窗口中看到隐藏文件,可以执行"查看"选项卡中的"选项"功能,在弹出的"文件夹选项"对话框中的"查看"标签卡中进行设置,如图 1-25 所示。

图 1-24 "属性"对话框

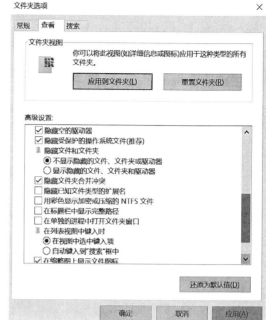

图 1-25 "文件夹选项"对话框

2.属性设置

（1）在"主页"选项卡下"打开"功能区设置属性。

选定要设置属性的文件或文件夹，在"主页"选项卡下"打开"功能区中设置属性，用户可以根据需要设置"只读"属性、"隐藏"属性等。

（2）使用快捷菜单设置属性。

在需要设置属性的文件或文件夹上单击鼠标右键，在弹出的快捷菜单中选择"属性"命令，此时同样出现"属性"设置窗口，选择好属性后确认即可。

八、压缩、解压缩文件或文件夹

为了节省磁盘空间，用户可以对一些文件或文件夹进行压缩。压缩文件占据的存储空间较少，而且压缩后的文件可以更快速地传输到其他计算机上，以实现不同用户之间的共享。解压缩的文件或文件夹就是从压缩文件中提取文件或文件夹。Windows 10 操作系统中置入了压缩文件程序。

1.压缩文件或文件夹

利用 Windows 10 系统自带的压缩程序对文件或文件夹进行压缩。选择要压缩的文件或文件夹，在该文件或文件夹上单击鼠标右键，在弹出的快捷菜单中执行"发送到"→"压缩(zipped)文件夹"命令，如图 1-26 所示，之后系统会弹出压缩对话框，显示压缩进度。压缩完毕后对话框自动关闭，此时窗口中显示压缩好的压缩文件或文件夹。

图 1-26 压缩文件或文件夹

2. 解压缩文件或文件夹

利用 Windows 10 系统自带的压缩程序对文件或文件夹进行解压缩。在要解压缩的文件上单击鼠标右键，在弹出的快捷菜单中选择"全部解压缩"选项，弹出"提取压缩（Zipped）文件夹"对话框，在该对话框的"选择一个目标并提取文件"栏目中设置解压缩后文件或文件夹的存放位置，单击"提取"按钮，如图 1-27 所示。

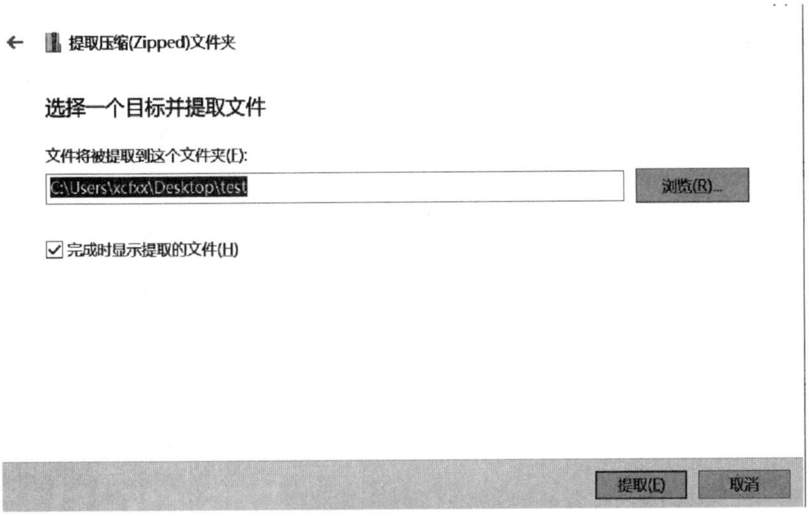

图 1-27　解压缩文件或文件夹

1.2.3　文件资源管理器

文件资源管理器是 Windows 系统提供的文件资源管理工具，用户可以用它来查看本地计算机中的所有资源，特别是它提供的树形文件系统结构，使用户能清楚、直观地查看计算机中的文件和文件夹，并方便地对它们进行相关操作。

一、文件资源管理器窗口

用鼠标右键单击"开始"按钮，从菜单中选择"文件资源管理器"，即可打开文件资源管理器。在 Windows 10 操作系统中，文件资源管理器由标题栏、快速访问工具栏、地址栏、导航窗格、内容窗口、搜索框等部分组成，如图 1-28 所示。

1. 标题栏

标题栏位于窗口的最上方，显示了当前的目录位置。标题栏右侧分别为"最小化""最大化""关闭"三个按钮，单击相应的按钮可以执行相应的窗口操作。

2. 快速访问工具栏

快速访问工具栏位于标题栏的左侧，显示了当前窗口图标和"查看属性""新建文件夹""自定义快速访问工具栏"三个按钮。

3. 菜单栏

菜单栏位于标题栏下方，包含了当前窗口或窗口内容的一些常用操作菜单。在菜单栏的右侧为"展开功能区/最小化功能区"和"帮助"按钮。

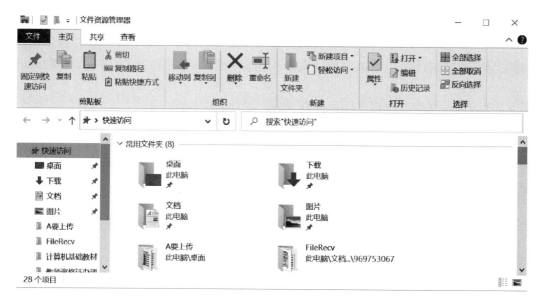

图 1-28　"文件资源管理器"窗口

4. 地址栏

地址栏位于菜单栏的下方,主要反映了从根目录开始到当前目录的路径,单击地址栏即可看到具体的路径。

5. 控制按钮区

控制按钮区位于地址栏的左侧,主要用于返回、前进、上移到前一个目录位置。打开下拉菜单,可以查看最近访问的位置信息,单击下拉菜单中的位置信息,可以快速进入该位置目录。

6. 搜索框

搜索框位于地址栏的右侧,通过在搜索框中输入要查看信息的关键字,可以快速查找当前目录中相关的文件、文件夹。

7. 导航窗格

导航窗格位于控制按钮区下方,显示了电脑中包含内容的具体位置,如快速访问、此电脑、网络等,如果设置了家庭组,还会有家庭网组等其他项。用户可以通过左侧的导航窗格快速访问相应的目录。用户也可以单击导航窗格中的"展开"按钮和"收缩"按钮,显示或隐藏详细的子目录。

8. 内容窗口

内容窗口位于导航窗格右侧,是显示当前目录的内容区域,也叫工作区域。

9. 状态栏

状态栏位于导航窗格下方,会显示当前目录文件中的项目数量,也会根据用户选择的内容,显示所选文件或文件夹的数量、容量等属性信息。

二、文件资源管理器的显示方式

选择"文件资源管理器"窗口中的"查看"选项卡,可以更改文件窗口和文件夹内容窗口中项目图标的显示方式和排序方式等。

1. 管理显示方式

选择"文件资源管理器"窗口中的"查看"选项卡,在"布局"功能区中根据个人习惯和需要选择"超大图标""大图标""中等图标""小图标""列表""详细信息""平铺""内容"8 种方式之一,如图 1-29 所示。

当对象个数超出显示窗口范围时会出现水平滚动条或垂直滚动条,可以通过鼠标左右或上下移动滚动条来显示其他的对象信息。

2. 管理排序方式

在"文件资源管理器"窗口中,单击鼠标右键,在弹出的菜单中执行"排序方式"命令,可以根据需要按照名称、类型、修改日期、大小等方式排列图标,如图 1-30 所示。

图 1-29　文件显示方式设置

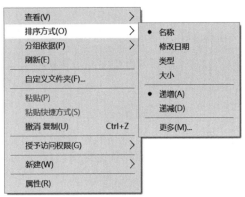

图 1-30　文件排序方式设置

3. 显示文件扩展名

打开文件资源管理器,选择"查看"选项卡,在"显示/隐藏"功能区中选择"文件扩展名"复选框,如图 1-31 所示。此时,在文件资源管理器的文件列表窗口中可看到具有隐藏属性的文件,而且可以看到常用文件类型的扩展名。

图 1-31　显示文件扩展名

 ## 1.3　Windows 10 系统设置

Windows 10 系统提供了很多设置功能,包括桌面设置、调整系统时间、添加或删除程序、查看硬件设备等,主要通过控制面板进行管理。

1.3.1　外观和个性化设置

一、设置主题

主题决定着整个桌面的显示风格,Windows 10 系统为用户提供了多个主题选择。在控制面板中单击"外观和个性化",在打开的窗口中选择"更改主题"选项,打开"个性化"窗口,如图 1-32 所示。用户可以根据喜好选择喜欢的主题,选择一个主题后,其声音、背景、窗口颜色等都会随着改变。

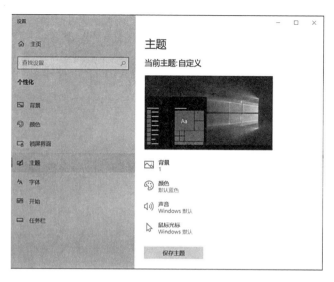

图 1-32 设置主题

二、设置桌面背景

在桌面空白处单击鼠标右键,在弹出的菜单中选择"个性化"→"背景"选项,打开如图 1-33 所示的桌面背景设置窗口,背景可以设置为"图片""纯色""幻灯片放映"3 种类型。

三、设置屏幕保护

屏幕保护程序可在用户暂时不工作时屏蔽用户计算机的屏幕,这不但有利于保护计算机的屏幕和节约用电,而且还可以防止用户屏幕上的数据被他人查看到。窗口中,单击"屏幕保护程序设置",弹出如图 1-34 所示的对话框,可进行屏幕保护设置。在"屏幕保护程序"选项区域的下拉列表中选择一种屏幕保护方式。如果要对选定的屏幕保护程序进行参数设置,单击"设置"按钮,打开"屏幕保护程序"对话框进行设置。

图 1-33 设置背景　　　　　　　　　图 1-34 设置屏幕保护

四、显示设置

显示设置用来设置屏幕分辨率及分屏等相关功能。在桌面空白处单击右键,选择"显示设置"项,如图 1-35 所示。

通过设置"显示器分辨率"、"显示方向"及"多显示器"等项,对 Windows 10 的屏幕显示进行设置,如图 1-36 所示。

图 1-35　"显示设置"选项

图 1-36　屏幕显示设置

1.3.2　时钟和区域设置

一、设置系统日期和时间

在控制面板中单击"时钟和区域",在打开的窗口中选择"日期和时间"选项,打开如图 1-37 所示的对话框,在对话框中单击"更改日期和时间"按钮,在该对话框中设置日期和时间后,单击"确定"按钮即可。

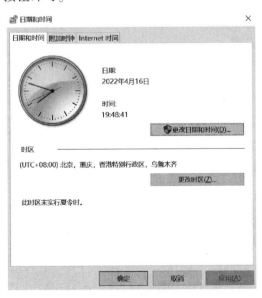

图 1-37　日期和时钟设置

二、设置日期格式

在打开的"时钟和区域"窗口中选择"区域"选项,打开如图 1-38 所示的对话框,在该对话框的"格式"标签卡中根据需要更改日期和时间格式;也可单击"其他设置"按钮,打开"自定义"对话框对数字、货币、时间、日期等格式进行进一步设置。

图 1-38　区域设置

1.3.3　"开始"菜单设置

"开始"菜单是 Windows 10 操作的主门户。使用"开始"菜单可执行以下常见的活动:启动程序、打开常用的文件夹、搜索文件和程序、调整计算机设置、获取有关 Windows 操作系统的帮助信息、关闭计算机和注销 Windows 或切换到其他用户帐户等。

一、将应用程序添加到"开始"屏幕

系统默认下,"开始"屏幕主要包含了生活动态和浏览的主要应用,用户可以根据需要添加应用程序到"开始"屏幕上。打开"开始"菜单,在最常用程序列表或所有应用列表中,选择要固定到"开始"屏幕的程序,单击鼠标右键,在弹出的菜单中选择"固定到'开始'屏幕"命令,即可将程序固定到"开始"屏幕上,如图 1-39 所示。如果要从"开始"屏幕取消固定,在"开始"屏幕中的程序上单击右键,在弹出的菜单中选择"从'开始'屏幕取消固定"选项即可。

图 1-39　将应用程序添加到"开始"屏幕

二、动态磁贴的使用

　　动态磁贴是"开始"屏幕界面中的图形方块,简称"磁贴",通过它可以快速打开应用程序。

　　1. 调整磁贴大小

　　单击桌面左下角的"开始"菜单,弹出的"开始"菜单界面右侧的图片叫作动态磁贴,在所要调整的动态磁贴上单击右键,在弹出的菜单中选择"调整大小"项,选择合适的大小,如图 1-40 所示。

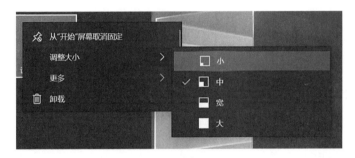

图 1-40　调整磁贴大小

　　2. 打开/关闭动态磁贴

　　在磁贴上单击鼠标右键,在弹出的快捷菜单中选择"更多"中的"关闭动态磁贴"或"打开动态磁贴"选项,即可关闭或打开磁贴的动态显示,如图 1-41 所示。

图 1-41　关闭动态磁贴

　　3. 调整磁贴位置

　　选择要调整位置的磁贴,按住鼠标左键不放,拖曳至任意位置或分组,松开鼠标左键即可完成位置调整。

4. 卸载"开始"菜单中的动态磁贴

以"Office"动态磁贴为例,在"Office"动态磁贴上单击鼠标右键,在弹出的菜单中选择"卸载",如图 1-42 所示,在弹出的"确认"对话框中单击"卸载"按钮,即可卸载 Office 程序。

图 1-42　卸载动态磁贴

第 2 章 Word 2016

Word 2016 是微软公司推出的 Microsoft Office 2016 办公软件套件中的一个组件,主要用于处理文字,它不仅能够制作常用的文本、信函、备忘录,还专门为中国用户定制了许多应用模板,如各种公文模板、书稿模板和档案模板等。利用改进的"搜索"和"导航"体验功能,Word 2016 可以便捷地查找信息;利用"共同创作"功能,还可以编辑论文,同时与他人分享思想观点,几乎可以在任何地点访问和共享文档。Word 2016 增加了文本的视觉效果,以便实现图像的无缝混合,可以将文本转化为引人注目的图表;还可以将屏幕快照插入到文档中,以便快捷地捕获可视图示,并将其合并到文档中;也可以快速恢复丢失的文档,即使没有保存该文档也可以恢复最近编辑的草稿。利用 Word 2016,还可以实现跨语言交流沟通。

2.1 Word 2016 基本操作与基本编辑

2.1.1 认识 Word 2016

一、启动 Word

安装完 Office 组合软件后,通常可用以下两种方法启动 Word:

(1)单击"开始"按钮,选择"Word 2016"选项。

(2)在桌面上创建 Word 快捷图标,双击快捷图标来启动。

二、认识 Word 界面

Word 2016 的工作界面如图 2-1 所示,主要由以下几个部分组成。

(1)标题栏:位于窗口的最上方中间,用来显示文件名称和应用程序名称,最右侧的 3 个按钮分别用于对窗口执行最小化、最大化和关闭操作。

(2)菜单栏:菜单栏位于标题栏的下方,包含"文件""开始""插入"等菜单选项,每个菜单项下对应一系列功能区按钮。

(3)功能区:包含菜单项中工作命令按钮和列表框的集合,取代了经典菜单栏和工具栏的位置,用图标按钮代替了以往的文字命令。

(4)快速访问工具栏:该工具栏上提供了最常用的按钮,默认设置下依次是"保存""撤消""恢复""触摸/鼠标模式",单击对应的按钮可执行相应的操作。也可通过单击其后的"自定义快速访问工具栏"按钮,在下拉菜单中添加满足个人需求的其他按钮。

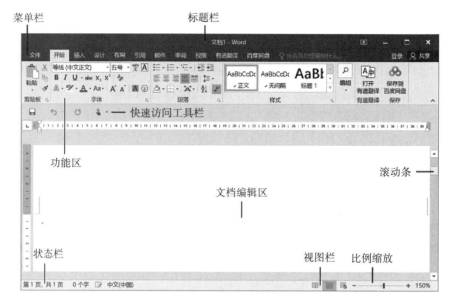

图 2-1　Word 2016 的工作界面

（5）文档编辑区：位于窗口中央，是用来输入、编辑文本，排版和绘制图形的地方。

（6）滚动条：位于文档编辑区的右端和下端，调整滚动条可以上下左右地查看文档内容。

（7）状态栏：显示已打开的 Word 文档当前的状态，用户可以直观地了解当前文档的页数、页码、字数、语言等信息。

（8）视图栏：用于切换文档视图的显示方式，包含"页面视图""阅读版本视图""Web 版式视图"等视图方式。

（9）比例缩放：拖动此按钮，可以调整页面显示比例的大小。

三、退出 Word

常用的退出操作方法有下面几种：

（1）执行"文件"→"关闭"命令，关闭所有的文件，然后退出 Word。

（2）单击 Word 工作界面右上角的"关闭"按钮，依次关闭所有窗口。

（3）双击 Word 窗口左上角的控制菜单按钮。

（4）单击窗口左上角的控制菜单按钮，然后选择"关闭"命令。

（5）按【Alt】+【F4】组合键。

2.1.2　文档的创建、保存和打开

一、创建 Word 新文档

启动 Word 2016 后，在出现的界面上选择"空白文档"，系统即创建一个名为"文档1. docx"的文档。

若用户需要建立其他文档，可在 Word 菜单栏处单击"文件"→"新建"命令，在"可用的模板"栏中单击"空白文档"，即可创建一个新的空白文档，如图 2-2 所示。

图 2-2　"新建空白文档"窗口

二、输入文本

创建新文档或打开已有文档之后,就可以输入文本了。文本通常包含不同的内容,如中文、英文、标点、特殊字符等。在空白编辑区中,有一个闪烁的短竖线称为"光标",该位置称为插入点,所输入的内容从插入点开始。输入文本时,插入点从左向右移动,Word 会根据页面大小和文本长度自动换行。

1. 中/英文输入切换

按【Ctrl】+【空格】组合键或【Shift】键均可以实现中/英切换。

说明:输入英文时一般有三种书写格式:全部小写、全部大写或第一个字母大写其余小写。在 Word 中,使用【Shift】+【F3】组合键可以实现三种书写格式的转换。操作时,首先选择要编辑的文本,然后反复按【Shift】+【F3】组合键,选定的文本会在三种格式间转换。

2. 新段落的生成

按键盘上的【Enter】键,系统就会将光标移到下一行新段落的首处。在换行的行尾会出现一个"⏎"符号,称为"段落标记符"。

3. 标点符号和特殊符号的输入

常用的标点符号可以在键盘上直接输入,部分特殊符号如希腊字母等是无法直接通过键盘输入的。常用的插入特殊符号的方法有以下两种:

(1)在菜单栏中选择"插入"→"符号"→"其他符号",如图 2-3 所示;在弹出的对话框中选择所需要的符号,如图 2-4 所示,单击"插入"按钮。

图 2-3　插入符号

图 2-4　"符号"对话框

（2）通过软键盘调出特殊符号。打开输入法状态条上的软键盘,单击"符号"选项,选择所需的符号插入。

三、保存文档

录入或修改文档后,在屏幕上看到的内容只是保存在内存中,一旦关机或关闭文档,内存中的文档内容会丢失。为了长期保存文档,需要把当前文档存盘。此外,为了防止在使用过程中,发生突然断电、死锁等意外情况而造成文档的丢失,还有必要在编辑过程中定时保存文档。

保存文档通常有以下三种方式:

（1）按【Ctrl】+【S】组合键。

（2）单击快速访问工具栏中的"保存"按钮。

（3）执行菜单栏中的"文件"→"保存"命令。

文档第一次保存时,会弹出"另存为"对话框,在对话框中选择"浏览"设置文档的保存位置,在"文件名"输入框中输入需要保存的文件名,在"保存类型"列表框中选择"Word文档（＊.docx）",单击"保存"按钮,如图 2-5 所示,文档以"××大学应用技术学院毕业论文"为名保存在电脑桌面。

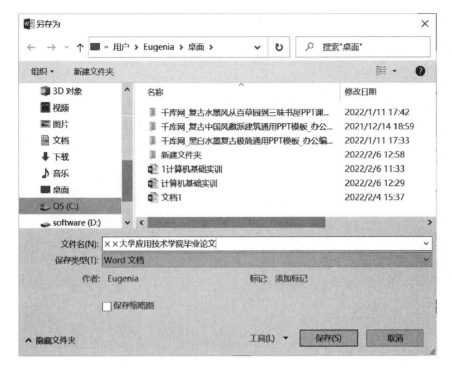

图 2-5　"另存为"对话框

说明:在"保存类型"框中,Word 提供了多种保存类型,如 pdf、xml 文档、网页、纯文本等,用户可以根据需要选择相应的保存类型来保存文档,并以此实现对文档格式的转换。例如,采用 HTLM 格式保存,则把 Word 文档转换成网页格式。

四、关闭文档

在完成了一个 Word 文档的编辑工作后,即可关闭该文档。关闭文档有以下两种方法:

(1) 使用菜单命令关闭文档。在菜单栏中执行"文件"→"关闭"命令。

(2) 使用控制按钮关闭文档。单击窗口右上角的"关闭"按钮。

如果用户对文档进行了修改,没有保存便直接关闭文档,系统会弹出提示框,提示用户是否保存更改后的文档。若单击"是"按钮,则对修改的内容进行保存并关闭该文档;若单击"否"按钮,则不保存所做的修改并关闭该文档;若单击"取消"按钮,则返回至文档中。

说明:退出 Word 与关闭 Word 是两个不同的概念,关闭 Word 是指关闭已打开的文档,但不退出 Word;而退出 Word 是指不仅关闭文档,还结束 Word 的运行。

五、打开文档

如果用户需要对已保存至磁盘的文档再编辑,就需再次打开文档。所谓打开文档,就是在 Word 编辑区中开辟一个文档窗口,把文档从磁盘读到内存,并显示在文档窗口中。

1. 打开最近使用过的文档

打开 Word 软件,依次执行菜单栏中的"文件"→"打开"命令,在下拉列表中的"最近"选项中,会显示最近使用过的若干文档名称,如图 2-6 所示。用户可从这个文档名列表中选择需要打开的文档。

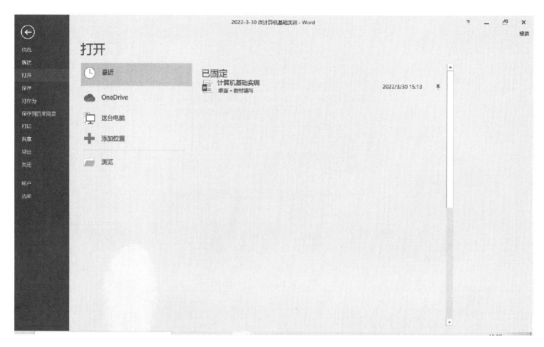

图 2-6　打开最近使用的文档

如果要打开的文档不在文档名列表中,可以在"OneDrive""这台电脑""添加位置"等选项中选择并打开文档。打开的文档,其文档按钮都会出现在桌面的任务栏中,用户可单击文档按钮来切换所需文档到当前窗口。

2. 执行"打开""浏览"命令打开文档

(1) 执行"文件"→"打开"→"浏览"命令(或单击快速访问工具栏中的"打开"按钮),系统弹出如图 2-7 所示的对话框。

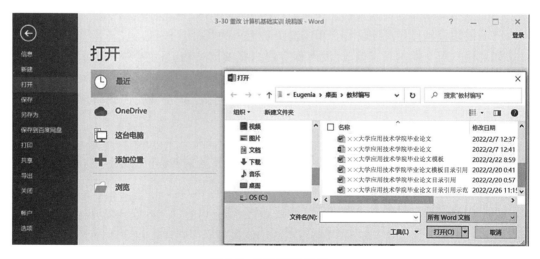

图 2-7　"打开"对话框

(2) 在"打开"对话框左侧窗格中指定要打开的文档所在文件夹的位置,在"文件名"

框中输入文件名,也可以直接在"文件名"框中输入要打开的文档文件的位置及文件名。

（3）单击"打开"按钮。在"打开"对话框中打开文档的一种快速方法是:先在"打开"对话框左侧窗格中指定要打开文档所在文件夹的位置,然后在文件列表框(中间部分)中查找所需的文档,双击该文件图标即可。例如,在电脑桌面上找到"××大学应用技术学院毕业论文"文档,双击打开即可。

2.1.3　文本的编辑

在文字处理过程中,经常要对文本内容进行调整和修改。本节介绍与此有关的编辑操作。

一、基本编辑

1. 插入点的移动

插入点只能在文本编辑区内移动。若文档需要在指定的位置进行修改、插入或删除等操作,就要先将插入点移到该位置,然后才能进行相应的操作。

（1）使用鼠标。如果在小范围内移动插入点,只要将鼠标的指针指向指定位置,然后单击。或利用滚动条内的上、下箭头,或拖动滚动块,也可以将显示位置迅速移动到文档的任何位置。

（2）使用键盘。使用键盘的操作键,也可以移动插入点,表 2-1 列出了各操作键及其功能情况。

表 2-1　键盘上移动插入点的操作键

操作键	功能	操作键	功能
←	左移一个字符	Ctrl+←	左移一个词
→	右移一个字符	Ctrl+→	右移一个词
↑	上移一行	Ctrl+↑	移至当前段段首
↓	下移一行	Ctrl+↓	移至下段段首
Home	移至插入点所在行行头	Ctrl+Home	移至文档首
End	移至插入点所在行行尾	Ctrl+End	移至文档尾
PgUp	上移一屏	Ctrl+PgUp	移至当前页顶部
PgDn	下移一屏	Ctrl+PgDn	移至下一页顶部

2. 选定文本

如果要编辑文本,首先要选定文本,通常有三种方式来选定文本:一是使用鼠标选定文本;二是使用键盘选定文本;三是同时使用键盘和鼠标选定文本。本书仅介绍使用鼠标选定文本。

（1）选定一句话:将鼠标指针移到该句子的任何位置,按住【Ctrl】键再单击鼠标左键。

（2）选定一行:将鼠标指针移到文本选定区最左边(鼠标指针变成向上箭头),单击鼠标左键。

（3）选定多行:将鼠标指针移到文本选定区,按住鼠标左键,垂直方向拖曳选定多行。

例 2-1 如图 2-8 所示,选定文本"本文基于……实现算法。"

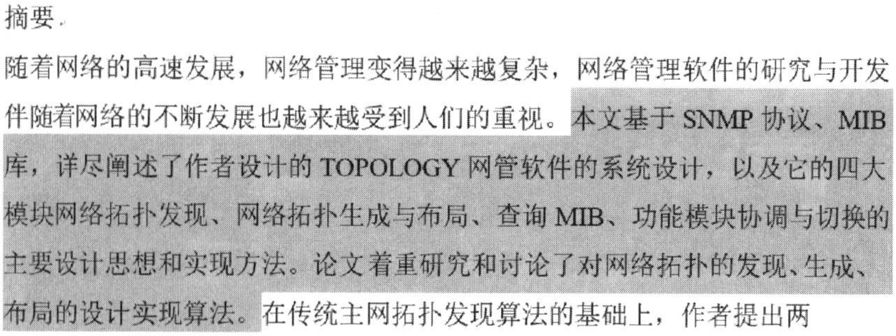

摘要.

随着网络的高速发展,网络管理变得越来越复杂,网络管理软件的研究与开发伴随着网络的不断发展也越来越受到人们的重视。本文基于 SNMP 协议、MIB库,详尽阐述了作者设计的 TOPOLOGY 网管软件的系统设计,以及它的四大模块网络拓扑发现、网络拓扑生成与布局、查询 MIB、功能模块协调与切换的主要设计思想和实现方法。论文着重研究和讨论了对网络拓扑的发现、生成、布局的设计实现算法。在传统主网拓扑发现算法的基础上,作者提出两

图 2-8 选定文本

(4) 选定一段:将鼠标指针移到文本选定区,并指向欲选定的段,双击鼠标左键。

(5) 选定矩形区域:将鼠标指针移到该区域的左上角,按住【Alt】键,拖曳鼠标到右下角。

(6) 选定多个文本:将光标移到文本前,按住【Shift】键,把光标移到要选定的文本末尾,再单击鼠标左键。Word 将选定两个光标之间的所有文本。

二、文本的插入和删除

当文本录入出现多打、少打或打错等情况时,可以通过下列方法来解决。

1. 插入/改写文本的操作

状态栏为"插入"状态下输入字符时,该字符被插入到插入点之后,插入点右边的字符相应后移;状态栏为"改写"状态下时,该输入字符会替换插入点右边的字符。

说明:插入文本必须在插入状态下进行。当状态栏只有"插入"标记时,表示当前是插入状态;当状态栏是"改写"标记时,表示当前是改写状态。Word 默认状态为插入状态。也可以通过按【Insert】键或双击状态栏中的"插入"按钮转换当前插入或改写状态。

2. 删除文本的操作

【Delete】:删除插入点之后的一个字符(或汉字)。

【Backspace】:删除插入点之前的一个字符(或汉字)。

【Ctrl】+【Delete】:删除插入点之后的一个词(或汉字)。

【Ctrl】+【Backspace】:删除插入点之前的一个词(或汉字)。

删除一个字符或汉字:一是先将光标定位到此字符的后面,再按【Backspace】键;二是先将光标定位到此字符的前面,再按【Delete】键。

删除大段文本:先选定需要删除的文本,再按【Delete】键。

三、拆分和合并段落

1. 拆分段落

将一个段落拆分为两个段落,即从某段落处开始另起一段。操作步骤是:将插入点定位到分段处,再按【Enter】键,此时分段处将出现段落标记符"↵"。

2. 合并段落

将两个段落合并成一个段落,即删除分段处的段落标记。操作步骤有两种:第一种是将插入点移到分段处的段落标记符"↵"之前,按【Backspace】键删除;第二种是将插入点

移到分段处的段落标记符"⏎"之后,按【Delete】键删除。以上两种方法均可完成段落合并。

四、复制和粘贴文本

1. 复制文本

常用方法:先选定需要复制的文本,然后在菜单栏处选择"开始"选项卡,在下面的"剪贴板"功能区单击"复制"按钮(或按【Ctrl】+【C】组合键),如图 2-9 所示。

图 2-9　"剪贴板"功能区的"复制"按钮

2. 粘贴文本

常用方法:先将鼠标定位到文档所需放置复制内容的位置处,再单击"剪贴板"组中的"粘贴"按钮(或按【Ctrl】+【V】组合键),即可完成粘贴操作。

五、撤消与重复(恢复)操作

在编辑文档的时候,经常会用到撤消、重复(恢复)功能,按钮位于快速访问工具栏,如图 2-10 所示。

图 2-10　"撤消"与"重复"按钮

1. 撤消

当发生误操作时,需要执行撤消操作,即取消刚刚执行的一次操作。最常用的方法有以下三种:

(1)单击快速访问工具栏上的"撤消"按钮。

(2)执行"编辑"→"撤消"命令。

(3)按【Ctrl】+【Z】组合键。

说明:"撤消"按钮的屏幕提示和"编辑"菜单中的"撤消"命令名称随上次操作不同而发生变化。

单击"撤消"按钮右侧的下拉按钮,在菜单中显示了此前执行的所有可撤消的操作,时间越近,位置越靠上,向下移动鼠标指针,然后单击可以将选中的操作一次性地撤消。

2. 恢复

恢复是撤消的相反操作,只有此前上一步刚执行过"撤消"命令,工具栏上的"恢复"按钮才能使用,"编辑"菜单中才有"恢复"命令(否则将由"重复"替代),其使用方法与撤消类似。常用方法有:

(1)单击快速访问工具栏上的"恢复"按钮。

(2)执行"编辑"→"恢复"命令。

(3)按【Ctrl】+【Y】组合键。

3. 重复

如果刚执行过一种操作或执行了一条命令,执行"编辑"→"重复"命令,或直接按"重复"命令,即可重复执行上一步操作。另外,有三组快捷键也有同样的功能。

(1)【Ctrl】+【Y】组合键。

(2)【F4】键。

(3)【Alt】+【Enter】组合键。

2.2 文档的排版

在完成文本录入和基本编辑之后,需要对文档进行排版。所谓排版,是指将文字、图片、图形等可视化信息元素在版面上调整位置、大小,是使版面布局条理化的过程。

Word 文档排版,是在 Word 文档中把文字、表格、图形、图片等进行合理的排列调整,通常有三个层次:第一层是对字符进行排版,即字符格式化;第二层是对段落的一些属性进行设置,即段落格式化;第三层是对文档的页面进行设置。

2.2.1 字符格式化

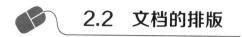
一、字体、字形、字号设置

字体是字符的一般形状,Word 提供的西文字体有 Arial、Times New Roman 等几十种,中文字体有宋体、仿宋、黑体、楷体等 20 多种。字形有常规、倾斜、加粗、加粗倾斜 4 种。字号用来设置字体的大小,一般以"磅"或"号"为单位,1 磅 = 1/72 英寸。字号从大到小分为若干级,例如,小五号字相当于 9 磅字大小。字体大小也可以自定义磅值,直接在"字号"框中输入磅值(如 15、17 等),再按【Enter】键确认。创建新文档时,Word 对字体、字形和字号的缺省设置分别为"宋体"、"五号"和"常规"。用户也可以根据需要对其重新设置。字符格式设置操作可以通过"开始"选项卡下的"字体"对话框中的有关选项来设置,如图 2-11 所示。

说明:"字体"标签卡还提供了字符修饰效果的设置功能,包括下划线、着重号、字体颜色、删除线、上标、下标等。

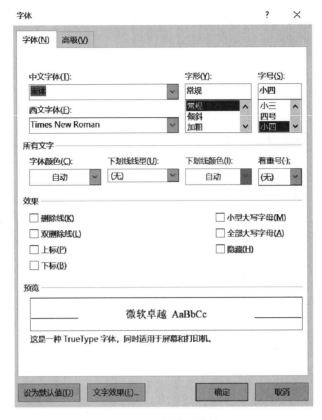

图 2-11　"字体"对话框

二、字符间距设置

在"字体"对话框的"高级"标签卡中,还提供了字体的微调格式,如间距、缩放、位置等,如图 2-12 所示。字符间距是指相邻两个字符之间的距离。

1. 缩放设置

缩放是放大或缩小字体的另一种方法。可根据原始字体大小的百分比来调整字体大小,系统默认缩放值为 100%。

2. 间距设置

间距是字符间的距离,可按整数或小数磅值增大或缩小。间距有三种状态可供选择,系统默认为"常规",即使用标准间距;若选择"加宽",则在所选文本间均匀地按比例添加间距;若选择"紧缩",则将成比例缩小所选文本中字母间的间距。

3. 位置设置

位置是字符可以在标准位置上升降,按整数或小数磅值增加或减少位置。位置有三种状态可供选择,系统默认下为"标准",即将所选文本底部置于基线;若选择"上升",则通过指定磅值将所选文本底部置于基线上方;若选择"下降",则通过指定磅值将所选文本底部置于基线下方。

对字符格式化,除了上述介绍之外,还有其他格式设置,例如,给文本添加边框或底纹、插入水平线和设置文字动态效果(在"字体"对话框下方的"文字效果"中设置)等。

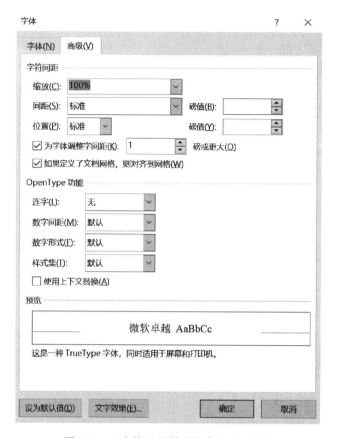

图 2-12 "字体"对话框的"高级"标签卡

2.2.2 段落格式化

段落是根据文章或事情的内容、阶段划分的相对独立的部分。输入文本时按下回车键就形成一个新的自然段,段落末尾都有一个段落标记"↙"。

段落格式化包括设置段落的左右边距、段前和段后距离、缩进方式、对齐方式、行间距、段落边框和底纹、分栏、首字下沉等。

一、段落缩进设置

为了增强文档的层次感,提高可阅读性,可对段落设置合适的缩进。缩进量默认以字符为单位,但也可以是厘米、毫米、磅等单位。缩进设置的具体步骤如下:

(1)选中需要设置缩进的段落,在"开始"选项卡的"段落"功能区中单击右下角的斜箭头"段落设置"按钮(或单击右键,选择"段落"),弹出"段落"对话框,如图 2-13 所示。

(2)在打开的"段落"对话框中,进行段落缩进设置。

① 左缩进:是指整个段落左边界距离页面左侧的缩进量。如果需要设置左缩进,则在"缩进"选项区中的"左侧"框中输入缩进量(缩进量以字符为单位,可以在下面的预览处看到效果)。

② 右缩进:是指整个段落右边界距离页面右侧的缩进量。设置方法同上面的左缩进,只需输入相应的右缩进量即可。

③ 首行缩进:是指段落首行第一个字符的起始位置距离页面左侧的缩进量。在"特

图 2-13 "段落"对话框的"缩进和间距"标签卡

殊格式"下拉框中选择"首行缩进",再在后面的"缩进量"框中输入相应的数值。

④ 悬挂缩进:是指段落中除首行以外的其他行距离页面左侧的缩进量。在"特殊格式"下拉框中选择"悬挂缩进",再在后面的"缩进量"框中输入相应的数值。

说明:首行缩进和悬挂缩进不能同时存在,但其他缩进可以同时存在,即当你设置了左缩进和右缩进后,可以再设置一个首行缩进或者悬挂缩进(可以通过预览查看设置效果)。

快捷设置首行缩进的方法:将鼠标定位在段落的第一个字前面,按【Tab】键一次,将自动设置相当于两个字符的首行缩进。如果要删除首行缩进,可以将鼠标定位在段落第一个字前,然后按一次回退键【Backspace】(或按【Shift】+【Tab】组合键)即可。

同样,如果我们选中一段文字后按一次【Tab】键,则是给整个段落增加相当于 2 个字符的左缩进量;如果按【Shift】+【Tab】组合键,则是减少相当于 2 个字符的左缩进量。

二、对齐方式设置

段落对齐有左对齐、右对齐、居中对齐、两端对齐、分散对齐 5 种形式。打开"段落"对话框,在"常规"选项区选择相应的对齐方式,如图 2-14 所示,也可通过快捷键直接设置对齐方式。

图 2-14　段落对齐方式设置

（1）左对齐（【Ctrl】+【L】）：是指将内容与左边距对齐。左对齐经常用于正文文本，使文档更易于阅读。

（2）居中对齐（【Ctrl】+【E】）：是指将内容在页面上居中对齐。居中对齐为文档提供正式的外观，通常用于封面、引言，有时用于标题。

（3）右对齐（【Ctrl】+【R】）：是指将内容与右边距对齐。右对齐用于小部分内容，如页眉或页脚中的文本。

（4）两端对齐（【Ctrl】+【J】）：是指将文本与左、右边距都对齐。排列整齐的文本看起来整洁干净，最后一行如果不满一行则从左对齐。

（5）分散对齐（【Ctrl】+【Shift】+【J】）：是指在左右边距之间平均分布文本，使文档看起来整洁工整。可在字符和单词之间添加空格，如果最后一行短，将在字符之间添加空格，以使其与段落宽度相匹配，即分散对齐不管每行有多少个文字，它都会使文字顶满每一行。

例 2-2　在文档"××大学应用技术学院毕业论文.docx"中将"摘要"标题的字体格式设置为小二、黑体、居中；将"摘要"正文中的中文字体设置为四号、宋体，西文字体设置为四号、Times New Roman。设置正文对齐方式为两端对齐，首行缩进为 2 字符，行距为固定值 22 磅。

操作步骤如下：

（1）选中文本"摘要"，选择"开始"选项卡，在"字体"功能区中设置字体为"黑体"，字号为"小二"；在"段落"功能区中设置对齐方式为"居中"，如图 2-15 所示。

图 2-15　"摘要"字符格式化

（2）选定正文文本，在"字体"对话框中设置"中文字体"为"宋体"，"西文字体"为"Times New Roman"，"字号"均为"四号"，单击"确定"按钮完成设置，如图 2-16 所示，文本状态如图 2-17 所示。

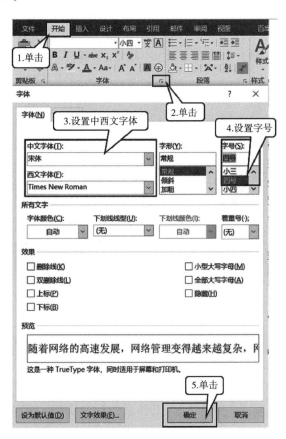

图 2-16　摘要正文的字体设置

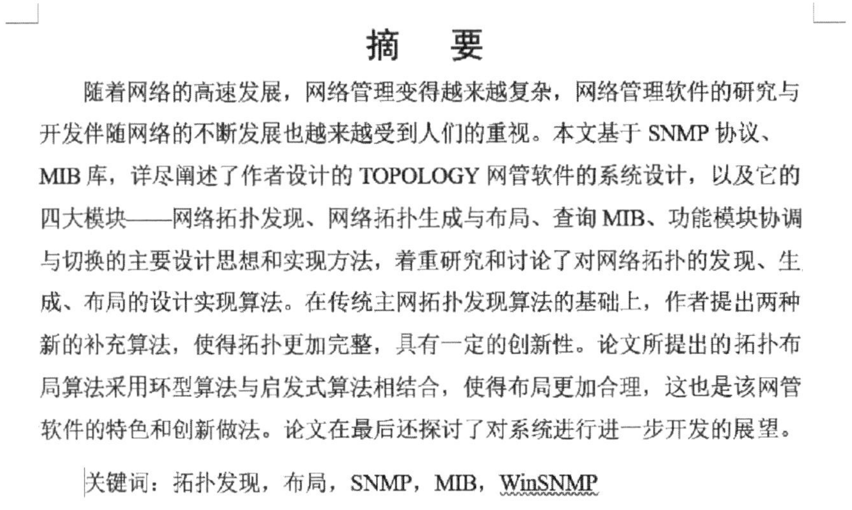

摘　要

随着网络的高速发展，网络管理变得越来越复杂，网络管理软件的研究与开发伴随网络的不断发展也越来越受到人们的重视。本文基于 SNMP 协议、MIB 库，详尽阐述了作者设计的 TOPOLOGY 网管软件的系统设计，以及它的四大模块——网络拓扑发现、网络拓扑生成与布局、查询 MIB、功能模块协调与切换的主要设计思想和实现方法，着重研究和讨论了对网络拓扑的发现、生成、布局的设计实现算法。在传统主网拓扑发现算法的基础上，作者提出两种新的补充算法，使得拓扑更加完整，具有一定的创新性。论文所提出的拓扑布局算法采用环型算法与启发式算法相结合，使得布局更加合理，这也是该网管软件的特色和创新做法。论文在最后还探讨了对系统进行进一步开发的展望。

关键词：拓扑发现，布局，SNMP，MIB，WinSNMP

图 2-17　完成字体设置的文本

2.2.3　页面设置

根据工作场合的不同，通常我们需要打印不同规格的文档，所以在完成了文档中字符和段落格式化后，还需要对页面格式进行专门设置，来改变页面的宽窄和文字的方向等，诸如纸张大小、页边距、页码、页眉/页脚等，以适应具体的需求。

一、设置页面大小

1. 使用内置纸张大小

Word 默认的纸张大小为 A4 纸，大小为 21 厘米×29.7 厘米。Word 还内置了一些常用的纸张大小，如 A3、16 开、32 开等，只需要选择使用即可。

具体操作步骤：单击"布局"选项卡，在"页面设置"功能区中单击"纸张大小"，在弹出的下拉菜单中选择纸张大小即可。

2. 自定义纸张大小

如果 Word 内置纸张大小不能满足需求，还可以自定义纸张大小。

具体操作步骤：单击"布局"选项卡，在"页面设置"功能区中单击"纸张大小"，在弹出的下拉菜单中单击"其他纸张大小"，在弹出对话框的"纸张"标签卡中自定义纸张的宽度和高度，如图 2-18 所示。

二、设置页边距

页边距是指页面的边线到文字的距离。在纸张大小确定以后，正文区的大小就由页边距来决定。

在"页面设置"对话框中设置页边距的操作步骤如下：

（1）单击"布局"选项卡，在展开的"页面设置"对话框中，单击右下方斜箭头，弹出"页面设置"对话框。

（2）单击"页边距"标签卡，如图 2-19 所示。

（3）在"页边距"标签卡中的"上""下""左""右"框中输入合适的数值。

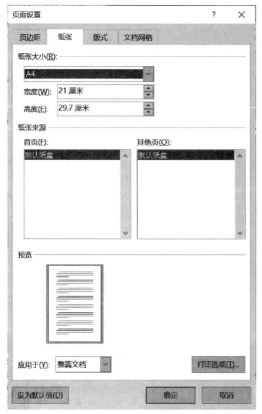

图 2-18　"纸张"标签卡

图 2-19　"页边距"标签卡

（4）单击"确定"按钮。

三、插入页码

在文档中插入页码的操作步骤如下：

（1）单击"插入"选项卡，在"页眉和页脚"功能区中选择"页码"，从中选择需要插入的页码类型，比如是在"页面顶端"还是"页面底端"等。

（2）执行"页码"→"设置页码格式"命令，可以设置页码编号的格式。页码编号里可以选择"续前节"，意思就是此处的页码接着前面的往下编号；如果选择"起始页码"，就是在当前节以选择的页码数开始。

（3）删除页码可以在"页码"下拉列表中单击"删除页码"按钮即可。

Word 文档编辑中，经常需要对页码进行编号，比如在有目录的文档中，目录和正文要使用不同的页码。此时就需要用到分节功能和页码设置功能。

例 2-3　在文档"××大学应用技术学院毕业论文.docx"的页面底端中间的位置插入页码，页码的编号格式为"i，ii，…"。

操作步骤如下：

（1）分节：将光标定位到目录最后一页的结尾，选择菜单栏中的"布局"选项卡，在"页面设置"功能区中选择"分隔符"，在弹出的窗口中选择"下一页分节符"，如图 2-20所示。

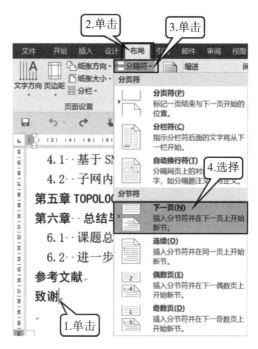

图 2-20　分节设置

（2）插入页码：选择"插入"选项卡，在"页眉和页脚"功能区中单击"页码"，在展开的下拉菜单中选择"页面底端"项，接着选择"普通数字 2"式样，如图 2-21 所示。此时在菜单栏上会增加"页眉和页脚工具"选项卡。

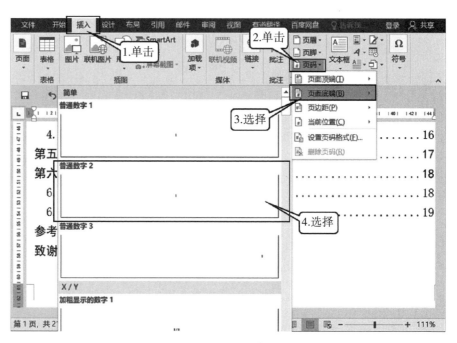

图 2-21　插入页码

（3）设置页码格式：在"页眉和页脚"选项卡中单击"页码"按钮，在展开的下拉菜单中选择"设置页码格式"项,在弹出的对话框中,在"编号格式"下拉框中选择格式"ⅰ,ⅱ,…",设置起始页码为"ⅰ",单击"确定"按钮,如图 2-22 所示。

(4)单击"关闭页眉和页脚"按钮,或将鼠标移至正文部分并双击,退出设置页面。

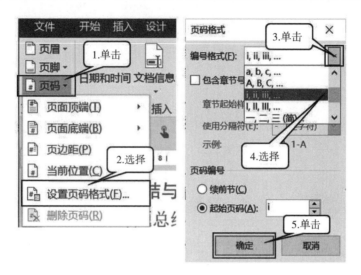

图 2-22 页码设置

说明:(1)在"布局"选项卡的"页面设置"功能区,单击"分隔符"按钮,在展开的下拉菜单中有四种不同的"分节符"选项,可以根据需要选择合适的项目。

● 下一页:新节从新页开始。

● 连续:新节与其前面一节共存于一页。

● 偶数页:分节符后面的文本打印在下一个偶数页上。

● 奇数页:分节符后面的文本打印在下一个奇数页上。

(2)删除分节符:依次执行"文件"→"选项"→"显示"→"显示所有格式标记"命令,然后将光标定位到分节符之前,按【Delete】键删除。

四、设置页眉和页脚

每页中正文上方的部分称为页眉,下方的部分称为页脚,页码即为页脚的一部分。页眉/页脚设置通常包含页眉/页脚的格式设置和内容设置两部分。

1. 格式设置

一般情况下,Word 在文档中的每一页显示相同的页眉和页脚。用户也可以设置成奇数页和偶数页打印不同形式的页眉和页脚。

2. 内容设置

内容设置是指在页眉/页脚编辑区中键入相关内容。例如,在文档页眉处键入"××大学应用技术学院毕业论文(设计)",如图 2-23 所示。

具体操作如下:

(1)选择"插入"选项卡,在展开的"页眉和页脚"功能区中单击"页眉"按钮,在弹出的下拉列表中选择"编辑页眉"项。

(2)在页眉编辑区中键入"××大学应用技术学院毕业论文(设计)"。

(3)单击"关闭页眉和页脚"按钮,返回文档编辑状态。

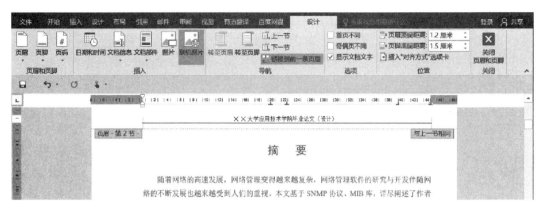

图 2-23　页眉的设置

2.3　文档格式的复制和套用

在文档的排版过程中,经常会遇到多处文本或段落具有相同格式的情况,有时还要编排许多页面格式基本相同的文档。为了减少重复的排版操作,保证格式的一致性,Word 提供了格式刷、样式和模板等工具,以便实现字符格式、段落格式及文档格式的复制和套用。

2.3.1　格式刷

当设置好某一个文本块或段落的格式后,可以使用快速访问工具栏上的"格式刷"工具,将设置好的格式快速地复制到其他一些文本块或段落中。

复制字符格式的操作步骤如下:

(1) 选定已经设置好格式的文本。

(2) 单击"开始"选项卡下"剪贴板"功能区中的"格式刷"按钮,此时鼠标指针变成了"刷子"形状。

(3) 拖动鼠标选中需要排版的文本,将字符格式复制到文本。

二、复制段落格式

复制段落格式的操作步骤如下:

(1) 选定含有复制格式的段落,或选定段落标记。

(2) 单击"开始"选项卡下"剪贴板"功能区中的"格式刷"按钮,此时鼠标指针变成了"刷子"形状。

(3) 把鼠标指针拖过要排版的段落标记,以便将段落格式复制到段落中。

说明:如果要将格式连续复制到多个文本块,则将步骤的单击操作改为双击操作即可。

2.3.2　样式

样式是指用样式名表示的一组预先设置好的格式,如字符的字体、字形和字号,文本的对齐方式、行间距和段间距等。用户只要预先定义好所需的样式,以后就可以对选定的文本直接套用这种样式。如果修改了样式的格式,则文档中应用这种样式的段落或文本块将自动随之改变,以适应新的变化。

一、Word 内置样式

样式集实际上是文档中标题、正文和引用等不同文本和对象格式的集合。为了方便用户对文档样式进行设置,Word 为不同类型的文档提供了多种内置的样式集供用户选择使用。

样式集位于"开始"选择卡下"样式"功能区中的"快速样式库"中,可以根据需要修改文档中使用的样式集。首先选定要格式化的文本,再选择所需的样式名,则所选定的文本将会按照样式重新格式化。

二、创建新样式

新建段落样式最简单的方法是在"样式"列表框中增添新样式。

例 2-4　在文档"××大学应用技术学院毕业论文.docx"中,建立名称为"LW 居中标题"的段落样式,样式定义的格式为:小二、黑体、居中。

操作步骤如下:

(1) 在"开始"选项卡下"样式"功能区中选择"LW 居中标题",单击右侧的下拉三角,在弹出的菜单中选择左下角的"新建样式"图标，弹出对话框。

(2) 在对话框的"名称"文本框中输入样式名"LW 居中标题",在"格式"选项区设置字体为"黑体"、字号为"小二"、对齐格式为"居中"等,如图 2-24 所示。

(3) 设置完成后,单击"确定"按钮关闭对话框。

图 2-24　"LW 居中标题"样式设置

三、应用样式

创建一个样式,实质上就是定义一个格式化的属性。可以应用该样式来对其他段落或文本块进行格式化。

例 2-5 在文档"××大学应用技术学院毕业论文.docx"中,利用已建立的"LW 居中标题"样式,对"第一章 绪论"进行格式化处理。

操作步骤如下:

(1) 选定要处理的文本或段落(如选定"第一章 绪论"文本)。

(2) 单击"样式"功能区中已创建的"LW 居中标题",此时,被选定的文本就会自动按照样式中定义的属性进行格式化。

以上步骤如图 2-25 所示,编排后的效果如图 2-26 所示。

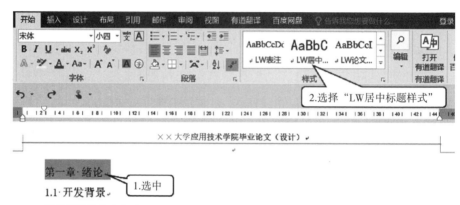

图 2-25 应用样式

图 2-26 编排后的效果

四、修改样式

可以对系统提供的样式和自定义的样式进行修改。修改了样式以后,所有套用该样式的文本块或段落将自动随之改变。

五、删除样式

选择"开始"选项卡下的"样式"功能区,将鼠标移至需要删除的样式处,单击右键,在弹出的下拉列表中选择"从样式库中删除"项即可。

2.3.3 模板和向导

模板是一种特殊的文档,是根据需要提前制作好的有各种格式的文件框架。例如,简历模板,用户只需填写相关资料而不用再去制作表格或者进行页面布局等。模板决定了文档的基本结构和文档设置。

Word 提供了许多常用的模板(又称内置模板),如会议议程、证书、奖状、名片、日历、小册子等,用户可以使用这些模板来快速创建文档。Word 默认模板为"空白文档"(Normal 模板),模板文件的扩展名为.dotx。

除了使用系统提供的模板外,用户也可以创建自己的模板。创建新模板最常用的方法是利用文档来创建。下面举例说明。

例 2-6　建立一个名为"××大学应用技术学院毕业论文模板"的新模板,其中包含已设置的"LW 居中标题"样式。

操作步骤如下:

(1) 创建一个新文档,并按例 2-4 的要求创建"LW 居中标题"样式。

(2) 执行"文件"→"另存为"命令,系统弹出"另存为"对话框。

(3) 在对话框中选择"保存类型"为"文档模板",再输入新模板名"××大学应用技术学院毕业论文模板",然后单击"保存"按钮以保存模板。

当再次执行"文件"→"新建"命令时,在右侧可用模板中单击"根据现有内容新建",即可在打开的对话框中看到刚创建的模板。如果需要,还可以利用它来生成具有相同文字属性的文档。

2.4　图文混排

图文混排,就是将文字与图片混合排列,文字可排列在图片的四周、嵌入图片下面、浮于图片上方等,最常见的应用是在杂志、报刊的内容编排上。通过合理地对图片进行版式布局,能够为文档增色不少。

2.4.1　插入图片

一、插入图片

插入本机保存的图片,通常可按以下几个操作步骤进行:

(1) 将鼠标定位到需要插入图片的位置,在"插入"选项卡下"插图"功能区中单击"图片"按钮,系统弹出"插入图片来自"列表。

(2) 选择"此设备…"选项可浏览到本地磁盘,选择要插入的图片。

(3) 选择图片后,单击"插入"按钮。

例 2-7　在文件"××大学应用技术学院毕业论文.docx"中 2.2 节中文字"如图 2-1 所示。"下方插入电脑桌面上名为"××大学应用技术学院"的图片。

操作步骤如下:

(1) 打开文件"××大学应用技术学院毕业论文.docx"。

(2) 将光标定位到文档 2.2 节文字"如图 2-1 所示。"之后,按【Enter】键切换到下一行。

(3) 在 Word 菜单栏中单击"插入"选项卡,在"插图"功能区中选择"图片",在弹出的对话框中选择电脑桌面位置中已保存的图片"××大学应用技术学院",单击"插入"按钮。

以上步骤如图 2-27 所示,插入图片文件的效果如图 2-28 所示。

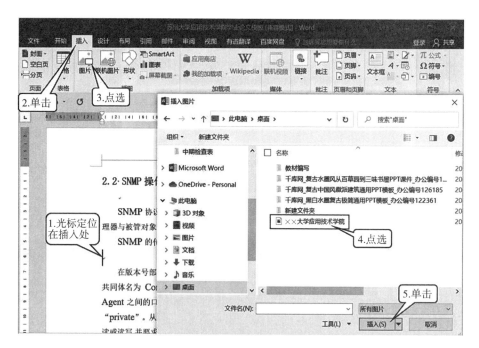

图 2-27 插入电脑桌面上的图片

图 2-28 插入图片后的文件效果

二、使用"屏幕截图"功能

Word 提供了"屏幕截图"的功能,可以将当前活动窗口截取为图片插入到 Word 文档中。操作步骤如下:

(1)单击"插入"选项卡下"插图"功能区中的"屏幕截图"按钮,在下拉菜单中选择"屏幕剪辑"项。

(2)Word 将自动隐藏,余下的活动窗口页面将变白并且出现一个"+"号,表示可以进行截图。

（3）按住鼠标左键不松开，拖动鼠标截取所需的图片区域。

（4）截图选择完成，松开鼠标左键时，页面会自动切换到 Word，所截取的图片将显示在 Word 文档中。

三、插入形状

Word 提供了一系列"形状"图形类型，包括线条、矩形、基本形状、箭头总汇、公式形状、流程图、星与旗帜、标注等。图形可以通过调整大小、方向、着色等组合成更为复杂的图形。操作步骤如下：

（1）在"插入"选项卡下"插图"功能区中单击"形状"按钮，在"形状"下拉列表中选择所需的一种形状图形。

（2）选定所需的形状图形后，鼠标指针会变成十字形，把鼠标指针移动到要插入图形的位置，按下左键拖动鼠标，即可完成自选图形的插入。

四、利用剪贴板插入图片

利用剪贴板插入图片的方式与文本的"剪切"和"复制"功能类似，通过剪切或复制其他应用程序制作的图片，粘贴到文档的指定位置。

2.4.2　设置图片格式

对插入 Word 中的图片可以进行格式设置，如设置文字环绕方式、移动和缩放、裁剪、应用图片样式、调整图片效果、设置边框等。

一、设置文字环绕方式

Word 图片在文本中有浮动式和嵌入式两种方式。浮动式图片可以自由移动，图片可在文字上或文字下，或者环绕文字；但嵌入式图片是不可以自由移动的，只能按处理字符的方式来移动图片。图文混排时，文字环绕图片有 7 种效果，分别是嵌入型、四周型、紧密型、穿越型、上下型、衬于文字下方、浮于文字上方。

设置文字环绕图片的方式通常有以下两种：

（1）单击鼠标右键。插入图片后，在图片区域单击鼠标右键，在弹出的菜单中选择"环绕文字"项，再选择相应的环绕方式，如图 2-29 所示。

图 2-29　单击鼠标右键设置文字环绕方式

（2）双击图片。双击图片，在"图片格式"选项卡下方的"排列"功能区中选择"环绕文字"，在下拉菜单中选择相应的环绕方式，如图2-30所示。

图2-30　双击图片设置文字环绕方式

二、移动图片

浮动式图片的移动步骤如下：

（1）选中要移动位置的图片，把指针移至图片上方。

（2）当指针变成十字箭头形状后按住鼠标左键拖动，拖至目标位置后松开鼠标，即可完成图片位置的移动。

三、缩放图片

图片尺寸较大时，可以调整图片的尺寸大小，通常有以下两种调整方式：

（1）拖动图片缩放其大小。单击图片，在图片的边角会出现白色的小圆点；选中小圆点，按住鼠标左键拖动至合适的大小。

（2）设置高度和宽度。双击图片，选择"图片格式"选项卡下方的"大小"功能区，在"高度"和"宽度"框中更改数值，调整图片大小至精确值。

四、裁剪图片

当只用到图片的局部位置时，可以用"裁剪"功能将不需要的部分隐藏起来，通常有以下三种方式：

（1）选中图片，在"图片格式"选项卡中单击"裁剪"按钮，图片四周出现裁剪框，拖动裁剪框上的控制柄调整裁剪框选定图像的范围。操作完成后按【Enter】键，裁剪框外的图像将被隐藏。

（2）选中图片，在"图片格式"选项卡中单击"裁剪"按钮，在打开的下拉菜单中单击"纵横比"选项，在下拉列表中选择裁剪图像所使用的纵横比。此时，Word将按照选择的纵横比创建裁剪框，再按【Enter】键，Word将按照选定的纵横比裁剪图像。

（3）选中图片，在"图片格式"选项卡中单击"裁剪"按钮，在打开的列表中选择"裁剪为形状"选项，在下拉列表中选择形状。此时，图像被裁剪为指定的形状。

五、调整图片效果

Word 为用户新增了图片效果调整功能,包括删除背景、校正、调整颜色、设置艺术效果等。

1. 删除图片背景

删除图片背景颜色的操作步骤如下:

(1) 选中插入的图片,在"图片格式"选项卡中,单击"调整"组中的"删除背景"按钮;此时图片中有些地方被紫色覆盖,这是将要被删除掉的区域,可以拖动白色控点调整紫色区域,确定后即可删除。

(2) 如果选择"标记要保留的区域"命令,此时光标变成了画笔形式,直接选择要保留的区域即可;调整好要保留的图片区域后,选择"保留更改"即可保留区域。

2. 为图片应用艺术效果

Word 为用户提供了多种图片艺术效果,用户可以直接选择所需的艺术效果对图片进行调整。操作步骤如下:

(1) 选定要设置艺术效果的图片。

(2) 切换至"图片格式"选项卡,在"调整"功能区中单击"艺术效果"按钮,在展开的库中选择所需要的艺术效果样式,即可完成图片艺术效果的应用。

2.5　表格处理

在文字处理中,表格的应用也是一项重要内容。Word 提供了丰富的制表功能,它不仅可以建立各种表格,而且允许对表格进行调整、设置以及对表格中的数据进行处理等。

如图 2-31 所示是一张三线表,它由水平的行和竖直的列组成。表格中的每一个小格即为单元格,可以在单元格内输入文字、数字、图形等。

表 1-1　育成期日均采食量

组别	干物质	CP	TDN
体重 1.5%组	5.57	0.62	4.02
体重 2.0%组	5.62	0.73	4.25
体重 2.5%组	6.02	0.81	4.64

图 2-31　Word 表格

2.5.1　建立表格

一、插入表格

插入如图 2-31 所示的表格,通常采用以下两种方法。

1. 拖选创建表格

单击"插入"选项卡,在"表格"功能区单击下拉三角箭头,用鼠标拖选创建 4×4 表格(4×4 代表 4 行 4 列的表格),确定后单击左键,完成单元格的绘制工作,如

图 2-32 所示。

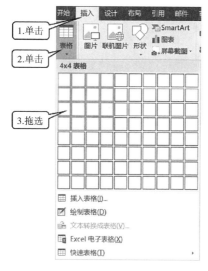

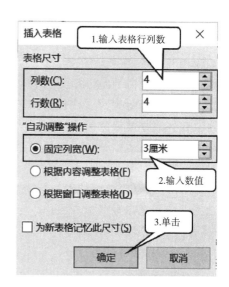

图 2-32 拖选创建表格　　　　图 2-33 弹窗设置表格

2. 通过对话框创建表格

单击"插入"选项卡,在"表格"功能区单击下拉三角箭头,在展开的下拉菜单中选择"插入表格"项,在弹出的"插入表格"对话框中,设置"行数"和"列数"均为4,单击"确定"按钮,即可绘制一个 4×4 表格,如图 2-33 所示。

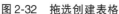 二、输入表格内容

创建好表格之后,下一步就应该输入各个单元格的内容,可以是文字、图形或表格(此时将生成嵌套表格)。

将鼠标移至相应单元格,单击使插入点置于单元格内,输入相应文本,可通过鼠标移动切换单元格,也可通过按箭头键、移动插入点至其他单元格。

删除单元格中的内容与删除普通文本类似,通过按【Backspace】键或【Delete】键删除,也可以选中单元格后,按【Delete】键删除。

三、移动、缩放和删除表格

在 Word 中,用户可以像处理图形一样,对表格进行移动、复制、缩放或删除等操作。在操作之前要先选定表格,方法是:单击表格区,此时在表格的左上角会出现一个"移动控点"图标⊞,在右下角会出现一个"缩放控点"图标▢。对已选定的表格可进行以下几种操作:

(1)移动。将鼠标移到表格区,表格左上角将出现"移动控点"图标,当鼠标指针头部出现四个箭头形状时,按住鼠标左键拖动表格至所需的新位置即可。

(2)缩小/放大。将鼠标移到表格区,表格右下角出现"缩放控点"图标,当指针变成斜向的双箭头形状时,按住鼠标左键拖动进行缩小/放大,来调整整个表格区域。

(3)删除。方法一:切换至"表格工具/布局"选项卡,单击"行和列"功能区中的"删除"按钮,在打开的下拉列表中选择所需命令,如"删除表格"命令。

方法二:在要删除的表格中单击右键,在弹出的快捷菜单中选择"删除表格"项,根据需要进行相应操作。

2.5.2　调整表格

建立表格后,Word 允许对它进行调整,包括行和列的插入和删除、行高和列宽的调整、单元格的拆分与合并、表格的拆分与合并等。

一、选定单元格、行或列

在进行表格编辑之前,一般要先选定需编辑的单元格、行或列。被选定的对象以反白显示。

(1) 选定单元格。每个单元格最左边都有一个选定栏,当把鼠标指针移到该选定栏时,指针形状会变成一个黑色实心的向右上方箭头，此时单击鼠标左键即可选定该单元格,如图 2-34 所示。

(2) 选定若干行、列区域。先将鼠标指针移至单元格区域的左上角,按下鼠标左键不放,再拖动到单元格区域的右下角,如图 2-35 所示。

(3) 选定整个表格。将鼠标放在表格区,单击左上角的"移动控点"图标,即可选定整个表格,如图 2-36 所示。

表 1-1　育成期日均采食量

组别	干物质	CP	TDN
体重 1.5%组	5.57	0.62	4.02
体重 2.0%组	5.62	0.73	4.25
体重 2.5%组	6.02	0.81	4.64

图 2-34　选定单元格

表 1-1　育成期日均采食量

组别	干物质	CP	TDN
体重 1.5%组	5.57	0.62	4.02
体重 2.0%组	5.62	0.73	4.25
体重 2.5%组	6.02	0.81	4.64

图 2-35　选定若干行、列区域

表 1-1　育成期日均采食量

组别	干物质	CP	TDN
体重 1.5%组	5.57	0.62	4.02
体重 2.0%组	5.62	0.73	4.25
体重 2.5%组	6.02	0.81	4.64

图 2-36　选定整个表格

二、插入行、删除行

1. 在某行之前/之后插入行

例2-8 在如图2-31所示的表格中,在"体重2.0%组"所在行的上方和下方各插入一个空行。

操作步骤如下:

(1)单击鼠标左键,选定"体重2.0%组"所在行。

(2)单击鼠标右键,在弹出的菜单中选择"插入"命令,在子菜单中选择"在下方插入行";或者在"表格工具\布局"选项卡的"行和列"功能区中,单击"在上方插入"按钮,即可在指定位置上方插入行。

(3)参照上述步骤,选择"在下方插入行",即可在指定位置下方插入行。

执行结果如图2-37所示。

表1-1 育成期日均采食量

组别	干物质	CP	TDN
体重1.5%组	5.57	0.62	4.02
体重2.0%组	5.62	0.73	4.25
体重2.5%组	6.02	0.81	4.64

图2-37 在某行之前/之后插入行

2. 删除行

例2-9 删除例2-8中插入的两个空行。

操作步骤如下:

(1)选定要删除的行。

(2)单击鼠标右键,在弹出的菜单中选择"删除单元格"项,在弹出的选项框中选择"删除整行"即可;或者在"表格工具\布局"选项卡下"行和列"功能区中单击"删除"按钮,在弹出的下拉菜单中选择"删除行"。

(3)参照上述步骤,删除另一行。

三、插入列、删除列

列的插入与删除的操作方法,与行的插入与删除的操作方法类似。

四、调整行高和列宽

创建表格时,如果用户没有指定列宽和行高,Word则使用默认的列宽和行高。用户也可以根据需要对其进行调整。

1. 指定具体的行高(或列宽)

操作步骤如下:

(1)选择要改变行高的行(或列宽的列)。

(2)切换到"表格工具\布局"选项卡,在"表"功能区中单击"属性"按钮,在弹出的

"表格属性"对话框中选择"行"标签卡,如图2-38所示,并在"指定高度"框中输入所需要的值。同理,切换到"列"标签卡,在"指定宽度"框中输入所需要的值。

（3）单击"确定"按钮,完成行和列具体值的设置。

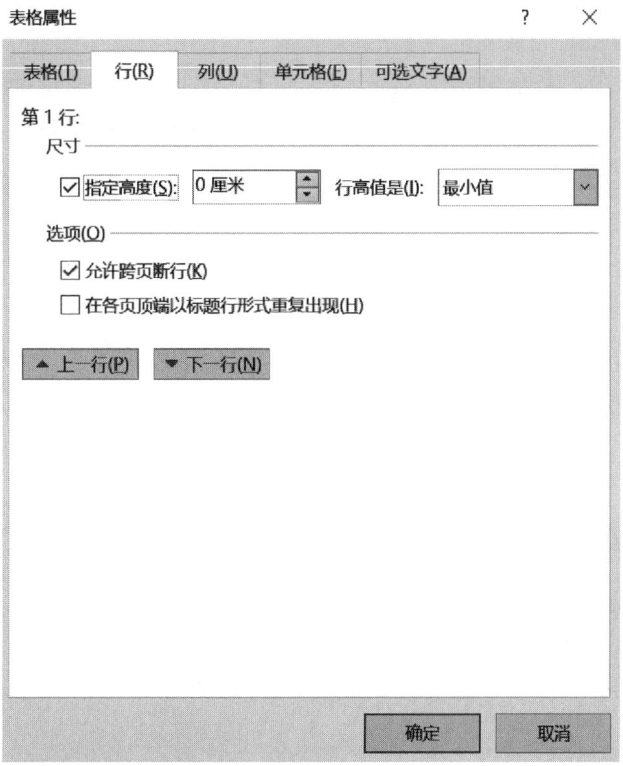

图2-38　"表格属性"对话框

2. 拖动鼠标调整行高(或列宽)

操作方法如下：

在"页面视图"方式下,将鼠标指针移到水平标尺的表格标记位置处,当指针变成双向箭头形状时拖动鼠标,拖至合适位置后再释放鼠标,即可完成对单元格列宽的调整。同理,将指针移至垂直标尺的表格标记位置处,当指针变成双向箭头形状时拖动鼠标,拖至合适位置后再释放鼠标,即可完成对单元格行高的调整。

五、单元格的合并与拆分

在制作一张完整的表格时,很多时候需要将单元格进行拆分或者合并,才能达到需要的效果。

1. 单元格的合并

单元格的合并是指将相邻的若干个单元格合并为一个单元格。通常有以下两种方法：

（1）选定要合并的多个单元格,切换到"表格工具\布局"选项卡,在"合并"功能区中单击"合并单元格"按钮,完成对单元格的合并。

（2）选定要合并的多个单元格,单击右键,在快捷菜单中选择"合并单元格"选项。

2. 单元格的拆分

单元格拆分是指将一个单元格分割成若干个单元格。通常有以下两种方法：

（1）选定要拆分的单元格，切换到"表格工具\布局"选项卡，在"合并"功能区中单击"拆分单元格"按钮，打开"拆分单元格"对话框，在"列数"和"行数"框中分别输入所需数值，再单击"确定"按钮，完成对单元格的拆分。

（2）选定要拆分的多个单元格，单击鼠标右键，在快捷菜单中选择"拆分单元格"项，打开"拆分单元格"对话框，在"列数"和"行数"框中分别输入所需数值，再单击"确定"按钮，完成对单元格的拆分。

六、表格的拆分与合并

1. 表格的拆分

有时需要将一张大的表格拆分成两张表格，以便在表格之间插入一些说明性的文字。操作方法是：在将作为新表格的第一行的行中设置插入点，切换到"表格工具/布局"选项卡，在"合并"功能区中单击"拆分表格"按钮，完成表格的拆分。

2. 表格的合并

只要将两张表格之间的段落标记删除，这两张表格便合二为一。

2.5.3　设置表格格式

一、表格中的文本排版

编排表格中的文本，如改变字体、字号、字形等，可按照一般字符格式化的方法进行。表格中文本的对齐方式分为水平对齐方式和垂直对齐方式两种。设置水平对齐方式可按设置段落对齐方法进行，设置垂直对齐方式按以下操作步骤进行。

（1）选定要设置文本垂直对齐方式的单元格。

（2）切换到"表格工具\布局"选项卡，在"表"功能区中单击"表格属性"按钮，系统弹出"表格属性"对话框。

（3）选择"单元格"标签卡，在"垂直对齐方式"选项区中选择"靠上""居中""靠下"选项。

（4）选择完成后，单击"确定"按钮。

此外，设置表格中文本的对齐方式的方法还有：选定单元格，单击鼠标右键，从快捷菜单中选择"单元格对齐方式"项，再从其级联菜单中选择"靠上两端对齐""靠上居中对齐""靠上右对齐"等选项即可。

二、表格在页中的对齐方式及文字环绕方式

设置表格在页中的对齐方式及文字环绕方式，操作步骤如下：

（1）把插入点移到表格中的任何位置（以此来选定表格）。

（2）切换到"表格工具\布局"选项卡，在"表"功能区中单击"表格属性"按钮，系统弹出"表格属性"对话框。

（3）选择"表格"标签卡，在"对齐方式"选项区中选择一种对齐方式，如"左对齐"、"居中"或"右对齐"。若选择"左对齐"方式，则可在"左缩进"框中选择或输入一个数字，用以设置表格从正文区左边界缩进的距离；在"文字环绕"选项区中选择所需的环绕方式。

（4）单击"确定"按钮。

三、自动套用表格格式

创建一个表格之后，可以利用"表格工具\表设计"选项卡的"表格样式"功能区中的样式进行快速排版，它可以把某些预定义格式自动应用于表格，包括字体、边框、底纹、颜色、表格大小等。

操作步骤如下：

（1）把插入点移到表格中任何位置。

（2）切换到"表格工具\表设计"选项卡，在"表格样式"功能区中单击"快翻"箭头按钮，在展开的样式库中选择需要的表格样式。

四、重复表格标题

若一张表格很长，跨越了多页，往往需要在后续的页上重复表格的标题。

操作步骤如下：

（1）选定要作为表格标题的一行或多行文字，其中应包括表格的第一行。

（2）右键单击表格，在快捷菜单中选择"表格属性"项，打开"表格属性"对话框。

（3）切换至"行"标签卡，如图 2-38 所示，勾选"在各页顶端以标题行形式重复出现"复选框。

（4）单击"确定"按钮。

五、设置斜线表头

用户将插入点移到表头位置，切换至"表格工具\表设计"选项卡，单击"边框"功能区中的"边框"按钮，在展开的下拉列表中选择"斜下框线"来设置斜线表头。

六、设置表格边框

有时要求表格有不同的边框，例如，有的外边框加粗、有的内部加网格等。除了可以使用"边框样式"库中的内置样式外，还可以在"边框"功能区中单击右下方的斜箭头按钮，打开"边框和底纹"对话框，然后利用该对话框来直接设置边框。

例 2-10　设置如图 2-39 所示的三线表，表格边框的顶纹和底纹线条为 1.5 磅，表头中间线条为 0.75 磅。

育成期日均采食量

组别	干物质	CP	TDN
体重 1.5%组	5.57	0.62	4.02
体重 2.0%组	5.62	0.73	4.25
体重 2.5%组	6.02	0.81	4.64

图 2-39　三线表

操作步骤如下：

（1）单击表格左上角的移动控制点或用鼠标选定表格，单击右键选择"表格属性"项，在弹出的对话框中单击"边框和底纹"按钮，如图 2-40 所示，打开"边框和底纹"对话框。

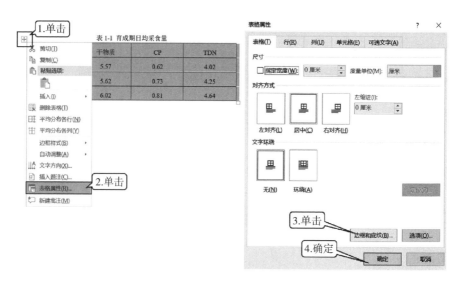

图 2-40 "表格属性"对话框

（2）在"边框"标签卡中设置类型为"自定义"，设置线条宽度为"1.5 磅"，用鼠标单击上边框线和下边框线，单击"确定"按钮，如图 2-41 所示。

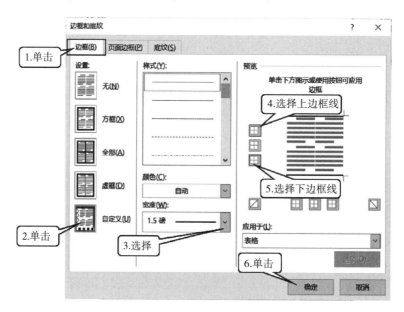

图 2-41 设置上、下边框线

（3）按住鼠标左键拖选表格第一行，重复步骤（1），再次弹出"边框和底纹"对话框，设置线条宽度为"0.75 磅"，用鼠标单击中间线，单击"确定"按钮，如图 2-42 所示。

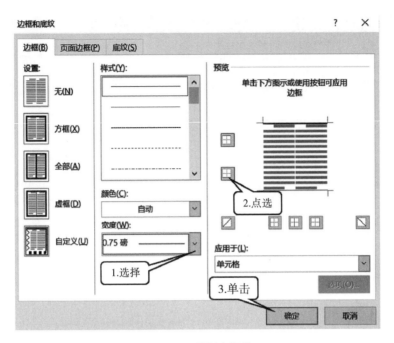

图 2-42　设置中间线

 2.6　Word 的目录引用

Word 中的目录是基于文档中各级标题的设定来创建的。设置目录的主要操作步骤如下：

（1）定义文档中的各级标题。

（2）将光标定位在需要添加目录的地方。

（3）选择"引用"选项卡下的"目录"功能区中的"目录"选项，在下拉菜单中选择合适的目录样式。

（4）如果对文档进行了影响目录的更改，可以通过"目录"下拉菜单中的"更新目录"命令来更新。

例 2-11　打开文件"××大学应用技术学院毕业论文.docx"，将文档 1 中一级标题的格式设置为小二、黑体、居中对齐，样式为 LW 居中标题；将二级标题和三级标题的格式设置为小三、宋体、加粗，样式为 LW 标题 2。在文档 2 首页添加目录，并按要求设置目录格式。

操作步骤如下：

（1）打开文件"计算机基础实训\××大学应用技术学院毕业论文.docx"。

（2）参考 2.3.2 节内容，按题目要求创建一级、二级和三级标题的样式。

（3）将文档中的一级标题设置为"LW 居中标题"属性。在文档中选中文字"第一章绪论"，再单击"样式"功能区中的"LW 居中标题"，如图 2-43 所示。

2. 选择“LW居中标题”样式
×××× 应用技术学院毕业论文（设计）
第一章 绪论
1.选中
1.1 开发背景
随着网络的高速发展，网络管理变得越来越复杂，网络管理软件的研究与开发伴随网

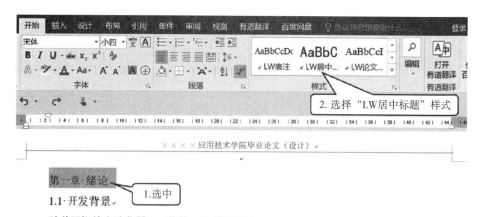

图 2-43　将一级标题设置为“LW 居中标题”样式

（4）将文档中的二级和三级标题设置为“LW 标题 2”样式。

（5）选中文字“1.1　开发背景”，单击“样式”功能区右下角的斜箭头，在展开区中选择样式“LW 标题 2”，如图 2-44 所示。设置后的标题如图 2-45 所示。

2.单击
3.选择
×××× 应用技术学院毕业论文
1.选中
第一章 绪论
1.1 开发背景

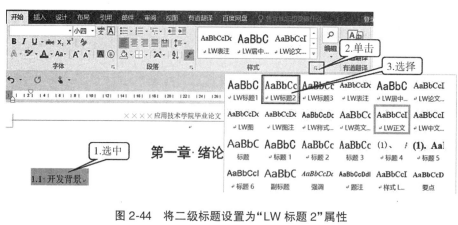

图 2-44　将二级标题设置为“LW 标题 2”属性

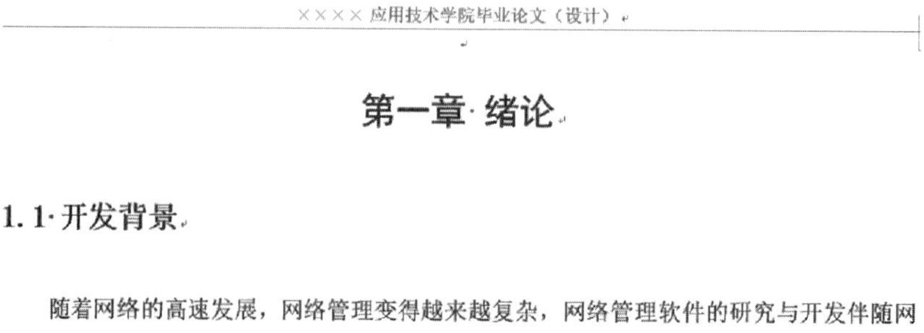

×××× 应用技术学院毕业论文（设计）
第一章 绪论
1. 1 开发背景
随着网络的高速发展，网络管理变得越来越复杂，网络管理软件的研究与开发伴随网

图 2-45　设置一级标题和二级标题样式后的效果

（6）给文档中的各级标题设置相应的样式。重复以上步骤，将其余的标题设置相应的样式属性，或者参考 2.3.1 节使用格式刷工具快速设置属性。

（7）打开导航窗格检查各级标题。单击“视图”选项卡，在“显示”功能区勾选“导航窗格”选项，或按【Ctrl】+【F】组合键，文档左侧将显示“导航”窗格，所有已应用标题样式

的各级标题将显示在"导航"窗格中,如图 2-46 所示。依次检查标题的完整性后,单击"导航"窗格右上角的"关闭"按钮,关闭"导航"窗格。

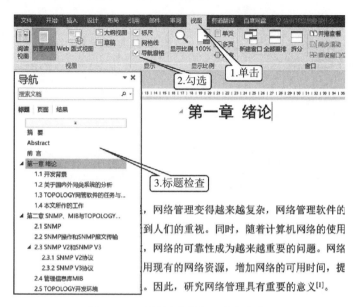

图 2-46　"导航"窗格显示各级标题

说明:"导航"窗格可实现对文档章节的快速查找,单击"导航"窗格下面的相应章节名称,文档即可跳转至相应章节所在页面。

(8)引用目录。单击"引用"选项卡,在"目录"功能区单击"目录"按钮,在下拉菜单中选择"自动目录 1"生成目录,根据目录格式要求将文字"目录"的格式修改为居中对齐、小二,如图 2-47 所示。

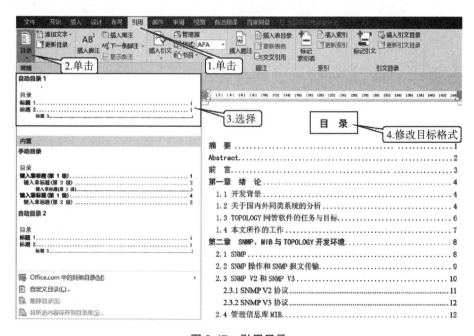

图 2-47　引用目录

第 3 章　**Excel 2016**

Excel 2016 具有强大的电子表格制作与数据处理功能,可以高效地完成各种表格的设计,能进行复杂的数据计算、处理和分析,提高工作效率和准确率。

3.1　Excel 基础

3.1.1　创建工作簿

在使用 Excel 时,首先需要创建一个工作簿,下面介绍具体的创建方法。

一、创建空白工作簿

1. 启动 Excel 2016 自动创建

启动 Excel 2016 后,会自动创建一个名称为"工作簿 1"的工作簿,如图 3-1 所示。

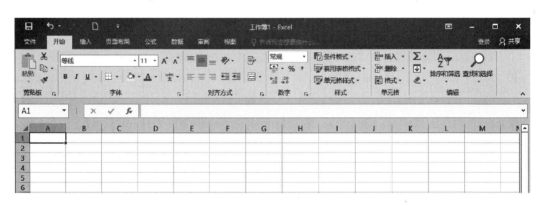

图 3-1　启动 Excel 创建工作簿

2. 使用快速访问工具栏创建

单击"自定义快速访问工具栏"按钮,在弹出的下拉菜单中勾选"新建"选项,将"新建"按钮固定显示在快速访问工具栏中,如图 3-2 所示;然后单击"新建"按钮,即可创建一个空白工作簿,如图 3-3 所示。

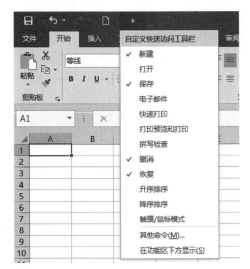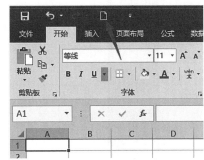

图 3-2　自定义快速访问工具栏　　图 3-3　使用快速访问工具栏创建工作簿

3. 使用"文件"选项卡创建

单击"文件"选项卡,在弹出的下拉菜单中选择"新建"选项;在右侧的"新建"区域中单击"空白工作簿"选项,即可创建一个空白工作簿,如图 3-4 所示。

图 3-4　使用"文件"选项卡创建工作簿

4. 使用快捷键创建

在打开的工作簿中,按【Ctrl】+【N】组合键即可新建一个空白工作簿。

二、使用模板创建工作簿

Excel 2016 提供了很多默认的工作簿模板,使用模板可以快速创建工作簿,具体操作方法:切换到"文件"选项卡,选择"新建"选项;在右侧的"新建"区域中选择模板快速创建工作簿,如图 3-5 所示。

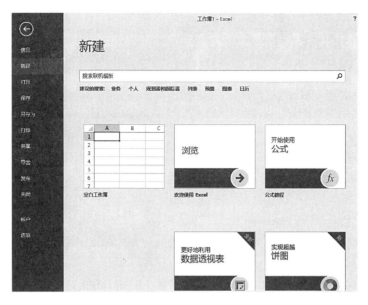

图 3-5　使用模板创建工作簿

3.1.2　工作表的基本操作

一、新建工作表

创建新的工作簿时,Excel 2016 默认只有 1 张名为"Sheet 1"的工作表,如图 3-6 所示。在使用 Excel 2016 的过程中,如果需要使用更多的工作表,则需要新建工作表。

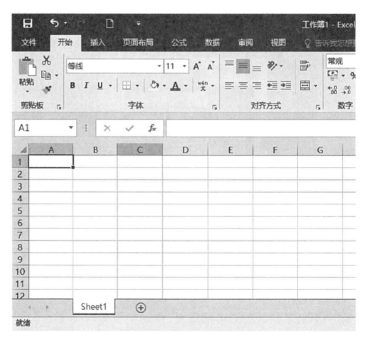

图 3-6　默认工作表

可以通过单击工作表区域底部的"新工作表"按钮新建工作表,如图 3-7 所示。

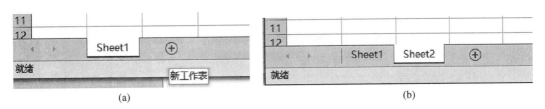

图 3-7　新建工作表

二、插入工作表

1. 使用"插入工作表"选项

在打开的 Excel 文件中,单击"开始"选项卡下"单元格"功能区中"插入"按钮下方的下拉按钮,在弹出的下拉列表中选择"插入工作表"选项,即可新建一个工作表,如图 3-8 所示。

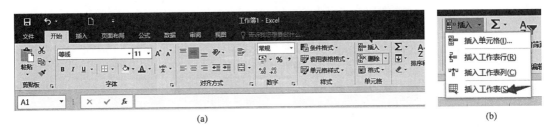

图 3-8　插入工作表

2. 使用快捷菜单插入工作表

在 Sheet1 工作表标签上单击鼠标右键,在弹出的快捷菜单中选择"插入"选项,在弹出的对话框中选择"工作表",单击"确定"按钮,即可新建一个工作表,如图 3-9 所示。

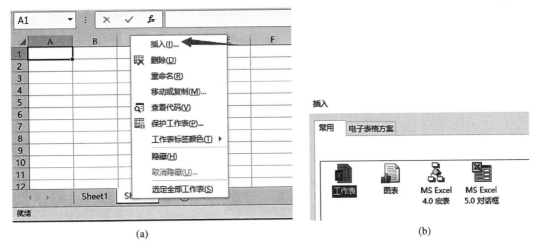

图 3-9　使用快捷菜单插入工作表

三、重命名工作表

每张工作表都有自己的名称,默认情况下以 Sheet1、Sheet2、Sheet3……命名工作表。用户可以对工作表进行重命名操作,以便更好地管理工作表。重命名工作表的方法有以下两种：

（1）在标签上直接编辑。双击要重命名的工作表的标签 Sheet1（此时该标签以高亮显示），进入可编辑状态，如图 3-10 所示。

（2）使用快捷菜单重命名。在要重命名的工作表标签上单击鼠标右键，在弹出的快捷菜单中选择"重命名"选项，如图 3-11 所示。

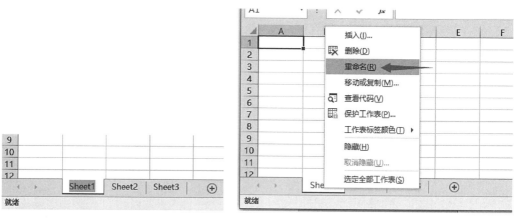

图 3-10　编辑标签　　　　　　　　图 3-11　重命名标签

四、移动工作表

工作表可按先后顺序排列，可以通过移动工作表来更改工作表的位置。主要有两种操作方式：（1）直接用鼠标拖曳；（2）使用快捷菜单进行移动。

第二种操作方式的操作步骤：在要移动的工作表标签上单击鼠标右键，在弹出的快捷菜单中选择"移动或复制"选项，如图 3-12 所示。

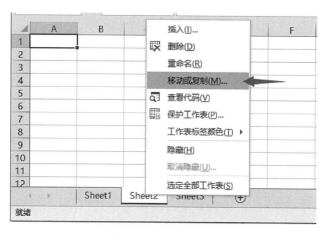

图 3-12　移动工作表

五、删除工作表

当某个工作表不再使用时，可以在快捷菜单中进行删除操作。

操作步骤：在要删除的工作表标签上单击鼠标右键，在弹出的快捷菜单中选择"删除"选项，如图 3-13 所示。

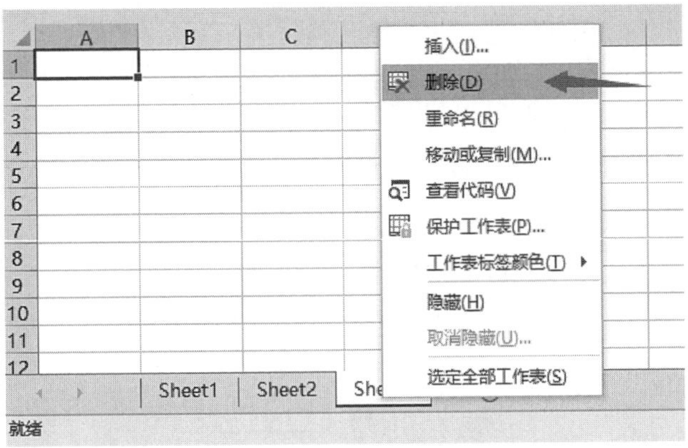

图 3-13　删除工作表

3.1.3　单元格的基本操作

一、选中单元格

要想对单元格进行操作,首先需要选择单元格或单元格区域。

1. 选择一个单元格

单击某一个单元格,若单元格的边框线变成粗线,则此单元格处于选定状态,如图 3-14 所示。

2. 选择连续的多个单元格

在 Excel 工作表中,若要对多个单元格进行相同的操作,可以先选择单元格区域。若要选择连续的多个单元格,可以单击该区域左上角的单元格,在按住【Shift】键的同时单击该区域右下角的单元格,如图 3-15 所示。

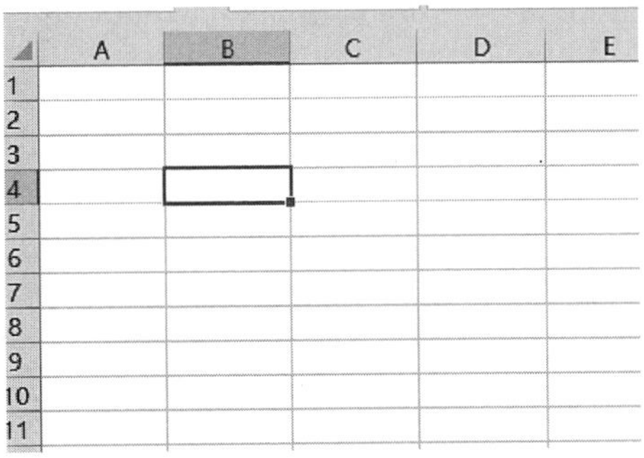

图 3-14　选中一个单元格

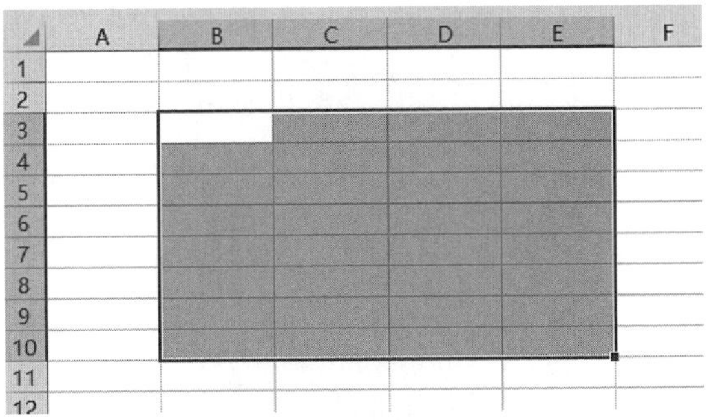

图 3-15　选中连续的多个单元格

3. 选择不连续的多个单元格

若要选择不连续的多个单元格,可以在选择第 1 个单元格区域后,按住【Ctrl】键不放,移动鼠标选择其余的单元格,如图 3-16 所示。

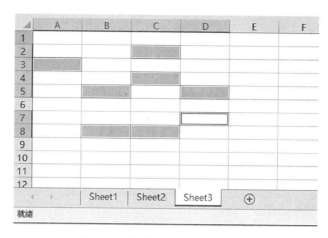

图 3-16　选中不连续的多个单元格

4. 选择所有单元格

选择所有单元格即选择整个工作表,有以下两种方法:

（1）单击工作表左上角行号与列标相交处的"全选"按钮 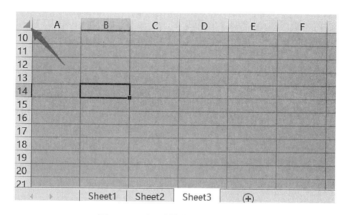,即可选定整个工作表,如图 3-17 所示。

图 3-17　通过按钮全选工作表

（2）按【Ctrl】+【A】组合键也可以选择整个工作表,如图 3-18 所示。

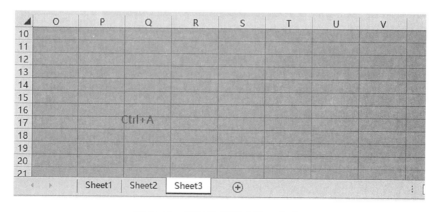

图 3-18　通过快捷键全选工作表

二、合并与拆分单元格

合并与拆分单元格是最常用的单元格操作,它不仅可以满足用户编辑表格中数据的需求,也可以使工作表整体更加美观。

1. 合并单元格

合并单元格是指在 Excel 工作表中,将两个或多个选定的相邻单元格合并成一个单元格。

操作步骤:选择单元格区域 A1:E1,单击"开始"选项卡下"对齐方式"功能区中的"合并后居中"按钮,即可合并且居中显示该单元格,如图 3-19 所示。

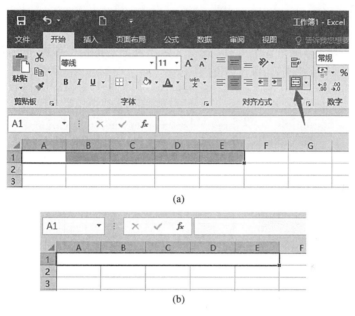

图 3-19　合并单元格

2. 拆分单元格

在 Excel 工作表中,还可以将合并后的单元格拆分成多个单元格。

操作步骤:选择合并后的单元格;单击"开始"选项卡下"对齐方式"功能区中"合并后居中"按钮右侧的下拉按钮;在弹出的下拉列表中选择"取消单元格合并"选项,该单元格即被取消合并,恢复成合并前的单元格,如图 3-20 所示。

(a)

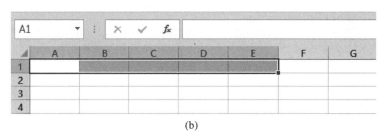

(b)

图 3-20　取消单元格合并

三、选择行和列

在 Excel 工作表中，用户可以根据需要选择行和列，其操作步骤如下：

（1）将鼠标指针移至行标签或列标签上，当出现向右的箭头或向下的箭头时，单击鼠标左键，即可选中该行或该列，如图 3-21 所示。

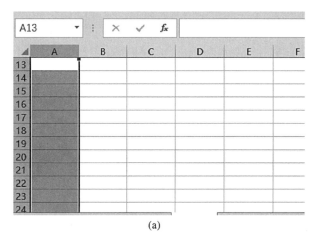

(a)

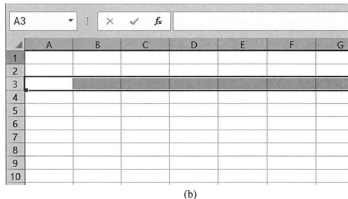

(b)

图 3-21　选择行和列

（2）在选择多行或多列时，如果按【Shift】键的同时用鼠标进行选择，那么就可选中连续的多行或多列；如果按【Ctrl】键的同时用鼠标进行选择，可选中不连续的行或列。

四、插入/删除行和列

在 Excel 工作表中，用户可以根据需要插入或删除行和列。

　　在工作表中插入新行,当前行则向下移动;而插入新列,当前列则向右移动。例如,如图 3-22 所示,选中第 1 行后,单击鼠标右键,在弹出的快捷菜单中选择"插入"选项,即可插入行。

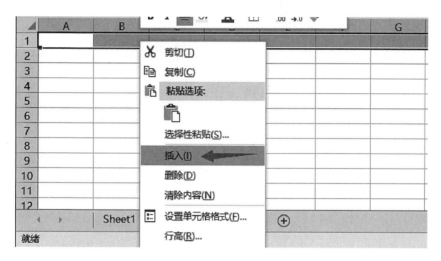

图 3-22　插入行

　　工作表中多余的行或列,可以将其删除。删除行和列的方法有多种,最常用的有以下3 种:

　　(1)选择要删除的行或列,单击鼠标右键,在弹出的快捷菜单中选择"删除"选项,即可将其删除。如图 3-23 所示为删除行。

图 3-23　删除行

　　(2)选择要删除的行或列,单击"开始"选项卡下"单元格"功能区中的"删除"按钮右侧的下拉箭头,在弹出的下拉列表中选择相应的选项,即可将选中的行或列删除。如图 3-24 所示为删除行。

图 3-24 删除行

（3）选择要删除的行或列中的一个单元格,单击鼠标右键,在弹出的快捷菜单中选择"删除"选项,在弹出的"删除"对话框中选择"整行"或"整列"选项,然后单击"确定"按钮即可。

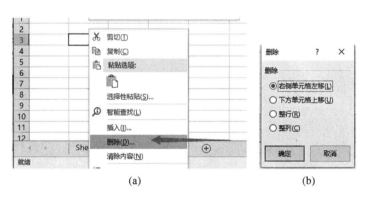

图 3-25 删除行或列

五、调整行高和列宽

在 Excel 工作表中,根据内容的显示需要,可以调整行高和列宽。

1. 调整单行或单列

如果要调整行高,可将鼠标指针移动到两行的行号之间,当指针变成➕形状时,按住鼠标左键向上拖动可以使行高变小,向下拖动则可使行高变大。拖动时将显示出以点和像素为单位的宽度工具提示。如果要调整列宽,将鼠标指针移动到两列的列标之间,当指针变成➕形状时,按住鼠标左键向左拖动可以使列距变窄,向右拖动则可使列距变宽。

2. 调整多行或多列

如果要调整多行的高度或多列的宽度,选择要更改的行或列,然后拖动所选行号或列标的下侧或右侧边界,调整行高或列宽。

3. 调整整个工作表的行高或列宽

如果要调整工作表中所有行高或列宽,单击"全选"按钮,然后拖动任意行或列标题的边界调整行高或列宽。

4. 自动调整行高或列宽

除了手动调整行高和列宽外,还可以将单元格设置为根据单元格内容自动调整行高和列宽。在工作表中,选择要调整的行或列,如这里选择 A 列。在"开始"选项卡中,单击 "单元格"功能区中的"格式"按钮,在弹出的下拉菜单中选择"自动调整行高"或"自动调整列宽"选项即可,如图 3-26 所示。

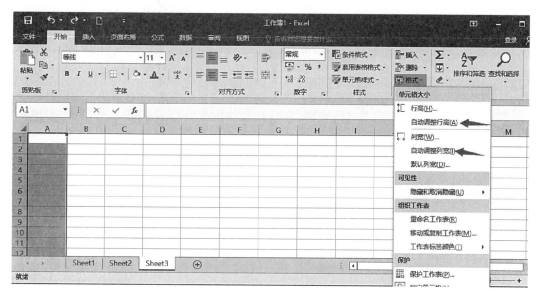

图 3-26　自动调整行高或列宽

六、复制和移动单元格区域

如果要复制或移动单元格区域,首先需要选中该单元格区域,然后单击鼠标右键,在弹出的快捷菜单中选择"复制"或"剪切"选项,然后选中需要粘贴的区域粘贴即可,如图 3-27 所示。

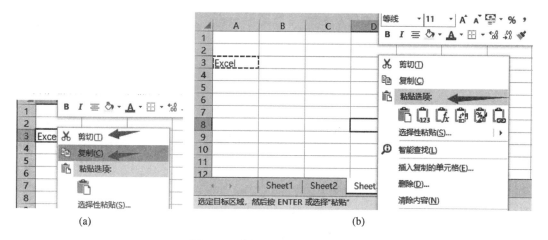

(a)　　　　　　　　　　　　　　(b)

图 3-27　复制和移动单元格区域

3.1.4　输入和编辑数据

对于单元格中输入的数据,Excel 会自动地根据数据的特征进行处理并显示出来。下面主要介绍如何在 Excel 中输入和编辑这些数据。

一、输入文本

单元格中的文本包括汉字、英文字母、数字和符号等。每个单元格最多可包含 32767 个字符。

选择要输入的单元格,从键盘上输入数据后按【Enter】键,Excel 会自动识别数据类型,并将单元格对齐方式默认为"左对齐"。如果单元格列宽容纳不下文本字符串,多余字符串会在相邻单元格中显示,若相邻的单元格中已有数据,就截断显示,如图 3-28 所示。

如果在单元格中输入的是多行数据,在换行处按【Alt】+【Enter】组合键,可以实现换行,换行后在一个单元格中将显示多行文本,行的高度也会自动增大,如图 3-29 所示。

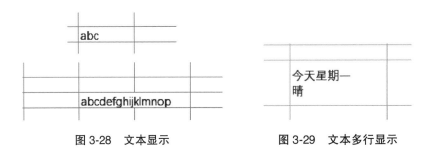

图 3-28　文本显示　　　　图 3-29　文本多行显示

二、输入数值

数值型数据是 Excel 中使用最多的数据类型,在输入数值时,数值将显示在活动单元格和编辑栏中。单击左侧编辑栏中的"取消"按钮,可将输入但未确认的内容取消;如果要确认输入的内容,则可按【Enter】键或单击左侧编辑栏中的"键入"按钮。

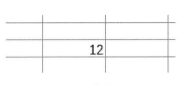

图 3-30　数值显示

在单元格中输入数值型数据后按【Enter】键,Excel 会自动将数值的对齐方式设置为"右对齐",如图 3-30 所示。

(1)输入分数时,为了与日期型数据区分,需要在分数之前加一个零和一个空格,如图 3-31 所示。

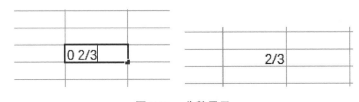

图 3-31　分数显示

(2)如果输入以数字 0 开头的数字串,Excel 将自动省略 0。如果要保持输入的内容不变,可以先输入英文标点单引号(′),再输入数字或字符,如图 3-32 所示。

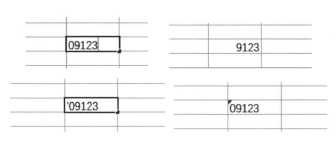

图 3-32　数字显示

（3）若单元格容纳不下较长的数字,则会用科学记数法显示该数据,如图 3-33 所示。

图 3-33　科学记数法显示

三、输入日期和时间

在工作表中输入日期或时间时,需要用特定的格式定义。

1. 输入日期

在输入日期时,可以用左斜线或短线分隔日期的年、月、日。如果要输入当前的日期,按【Ctrl】+【;】组合键即可。

2. 输入时间

在输入时间时,小时、分、秒之间用冒号(:)作为分隔符。如果按 12 小时制输入时间,需要在时间的后面空一格再输入字母 am(上午)或 pm(下午)。例如,输入"08:00 pm",按【Enter】键的时间结果是 8:00 PM。如果要输入当前的时间,按【Ctrl】+【Shift】+【;】组合键即可。

四、输入特殊符号

在 Excel 工作表中输入特殊符号的操作步骤如下:

（1）选中需要插入特殊符号的单元格,比如单元格 A1,然后单击"插入"选项卡下"符号"功能区中的"符号"按钮,即可弹出"符号"对话框,在对话框中选择要使用的符号,如图 3-34 所示。

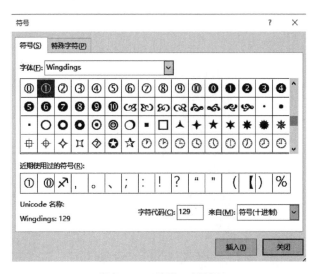

图 3-34　"符号"对话框

（2）单击"插入"按钮,再点击"关闭"按钮,即可完成特殊符号的插入操作,如图3-35所示。

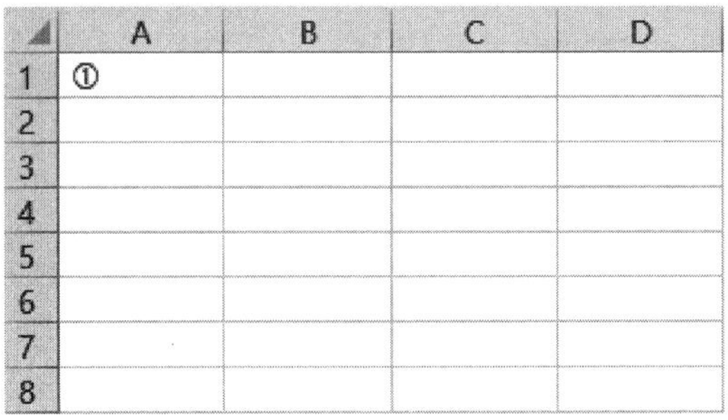

	A	B	C	D
1	①			
2				
3				
4				
5				
6				
7				
8				

图 3-35　插入特殊符号

五、快速填充数据

利用 Excel 的自动填充功能,可以方便、快捷地输入有规律的数据。有规律的数据是指等差、等比、系统预定义的数据填充序列和用户自定义的序列。

选中某个单元格,其右下角的小方块即为填充柄,当鼠标指针指向填充柄时,会变成黑色的加号,如图3-36所示。

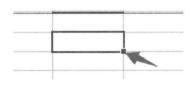

图 3-36　填充数据

使用填充柄可以在表格中输入相同的数据,相当于复制数据。操作步骤如下:

（1）选定单元格 A1,输入"Excel"。

（2）将鼠标指针指向该单元格右下角的填充柄,然后拖曳指针至单元格 A10,结果如图3-37所示。

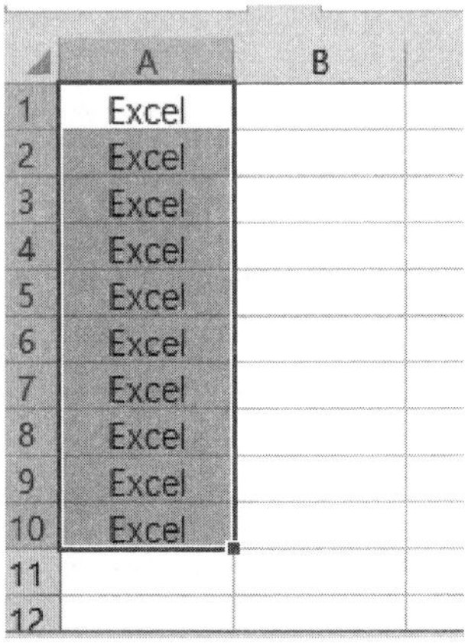

	A	B
1	Excel	
2	Excel	
3	Excel	
4	Excel	
5	Excel	
6	Excel	
7	Excel	
8	Excel	
9	Excel	
10	Excel	
11		
12		

图 3-37　填充相同的数据

使用填充柄还可以填充序列数据,如等差或等比序列。首先选取序列的第 1 个单元格并输入数据,再在序列的第 2 个单元格中输入数据,之后利用填充柄填充,前两个单元格内容的差就是步长,如图 3-38 所示。

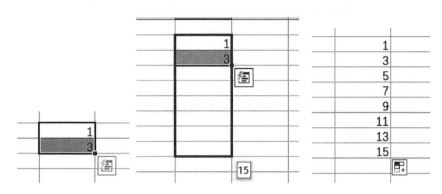

图 3-38　填充等差数列

六、编辑数据

如果输入的数据格式不正确,也可以对数据进行编辑,一般是对单元格或单元格区域中的数据格式进行修改。操作步骤如下:

(1)用鼠标右键单击需要编辑数据的单元格,在弹出的快捷菜单中选择"设置单元格格式"选项,如图 3-39 所示。

图 3-39　设置单元格格式

(2)在弹出的"设置单元格格式"对话框中,在左侧"分类"选项区选择需要的格式,在右侧设置相应的格式。如选择"分类"选项区的"数值"选项,在右侧设置小数位数为"2",然后单击"确定"按钮,如图 3-40 所示。

图 3-40　"设置单元格格式"对话框

3.1.5　设置单元格格式

一、设置字体格式

选择需要设置的单元格,在"开始"选项卡下的"字体"功能区中进行字体格式的设置,如图 3-41 所示。

图 3-41　设置字体格式

二、设置对齐方式

Excel 2016 允许为单元格数据设置的对齐方式有左对齐、右对齐和合并居中对齐等。操作步骤如下：

（1）选择需要设置的单元格，在"开始"选项卡中的"对齐方式"功能区中进行对齐方式的设置，如图 3-42 所示。

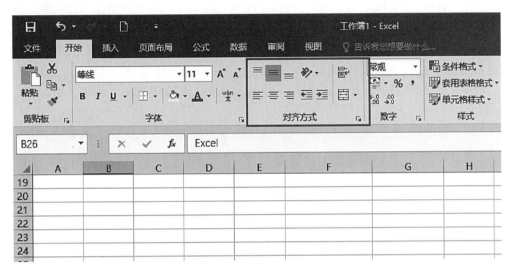

图 3-42　在"对齐方式"功能区中设置

（2）也可以单击"对齐方式"功能区右下角的箭头，在弹出的"设置单元格格式"对话框中，单击"对齐"标签卡，在水平方向和垂直方向上进行对齐方式的设置，如图 3-43 所示。

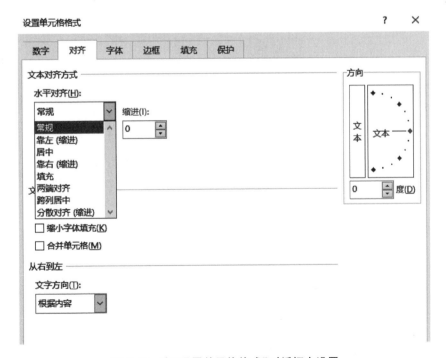

图 3-43　在"设置单元格格式"对话框中设置

"对齐方式"功能区中各种按钮的功能如下：

（1）"顶端对齐"按钮。单击该按钮，可使选定的单元格或单元格区域内的数据沿单元格的顶端对齐。

（2）"垂直居中"按钮。单击该按钮，可使选定的单元格或单元格区域内的数据在单元格内上下居中。

（3）"底端对齐"按钮。单击该按钮，可使选定的单元格或单元格区域内的数据沿单元格的底端对齐。

（4）"方向"按钮。单击该按钮，将弹出下拉菜单，可根据各个菜单项左侧显示的样式进行选择。

（5）"左对齐"按钮。单击该按钮，可使选定的单元格或单元格区域内的数据在单元格内左对齐。

（6）"居中"按钮。单击该按钮，可使选定的单元格或单元格区域内的数据在单元格内水平居中显示。

（7）"右对齐"按钮。单击该按钮，可使选定的单元格或单元格区域内的数据在单元格内右对齐。

（8）"减少缩进量"按钮。单击该按钮，可以减少边框与单元格文字间的边距。

（9）"增加缩进量"按钮。单击该按钮，可以增加边框与单元格文字间的边距。

（10）"自动换行"按钮。单击该按钮，可以使单元格中的所有内容以多行的形式全部显示出来。

（11）"合并后居中"按钮。单击该按钮，可以使选定的各个单元格合并为一个较大的单元格，并将合并后的单元格内容水平居中显示。单击此按钮右边的按钮，可弹出如图 3-44 所示的菜单，用来设置合并的形式。

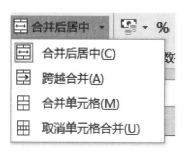

图 3-44　合并后居中

三、设置边框和底纹

为了使表格更加规范、美观，可以为表格设置边框和底纹。

1. 设置边框

设置边框主要有以下两种方法：

（1）选中要添加边框的单元格区域，单击"开始"选项卡下"字体"功能区中的"边框"按钮右侧的下拉按钮，在弹出的列表中选择"所有框线"选项，即可为表格添加边框，如图 3-45 所示。

图 3-45　设置边框

（2）按【Ctrl】+【1】组合键，打开"设置单元格格式"对话框，单击"边框"标签卡，在"样式"列表框中选择一种样式，然后在"颜色"下拉框中选择颜色，在"预置"选项区中单击"外边框"按钮。使用同样的方法在"边框"选项区设置边框。单击"确定"按钮，即可添加边框，如图 3-46 所示。

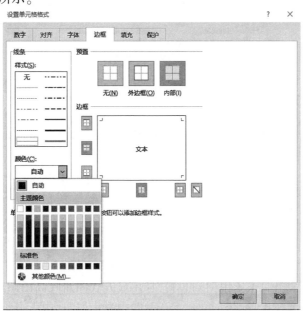

图 3-46　设置边框

2. 设置底纹

为了使工作表中某些数据或单元格区域更加醒目，可以为这些单元格或单元格区域设置底纹。操作步骤如下：

选择要添加背景的单元格区域，按【Ctrl】+【1】组合键，打开"设置单元格格式"对话框，单击"填充"标签卡，选择要填充的背景色；也可以单击"填充效果"按钮，在弹出的"填充效果"对话框中设置背景颜色的填充效果。工作表的背景就变成指定的底纹样式了，如图 3-47 所示。

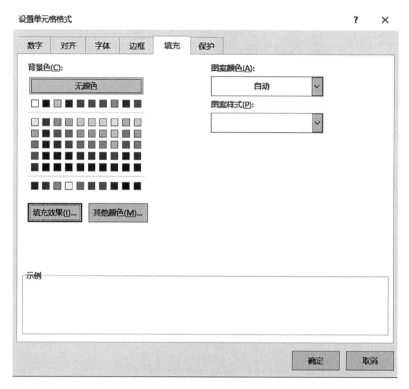

图 3-47　设置底纹

3.1.6　页面设置

为了页面的美观以及打印和装订的方便，我们需要对页面进行设置。

一、设置页面和页边距

页面的设置包括页面的方向设置、缩放比例、纸张大小等。可以通过单击"页面布局"选项卡"页面设置"功能区右下角的箭头，在弹出的"页面设置"对话框中的"页面"标签卡中进行页面的设置，如图 3-48 所示。

同样，在"页边距"标签卡中可以对页面边距进行设置，包括上、下、左、右四个方向的边距，同时可以设置页面的居中方式，如图 3-49 所示。

图 3-48　"页面设置"对话框

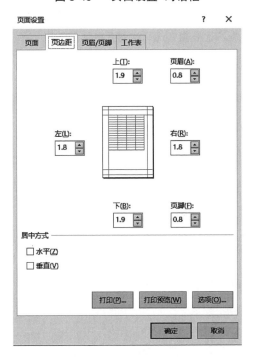

图 3-49　设置页边距

二、设置页眉和页脚

在"页眉/页脚"标签卡下可以对页面的页眉和页脚进行设置,同时可以设定奇偶页不同、首页不同等选项,如图 3-50 所示。

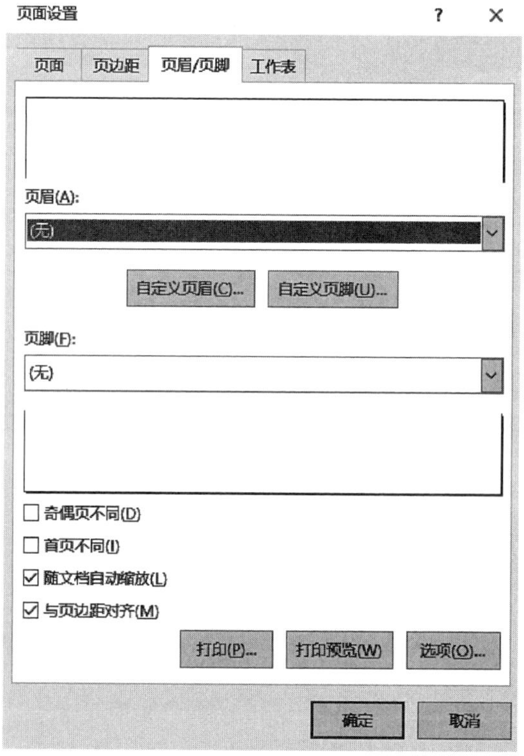

图 3-50 设置页眉和页脚

3.1.7 打印设置

用户如果要对创建的成绩表进行打印,在打印前需要根据实际需要来设置工作表的打印区域和打印标题,并且还要预览打印效果,只有这样才能打印出符合条件的 Excel 文档。

一、设置打印区域

设置打印区域的方法主要有以下两种。

1. 使用"打印区域"按钮设置打印区域

首先选择要设置为打印区域的单元格区域,然后在"页面布局"选项卡下的"页面设置"功能区中单击"打印区域"按钮,从弹出的菜单中选择"设置打印区域"命令,即可将选择的单元格区域设置为打印区域,如图 3-51 所示。

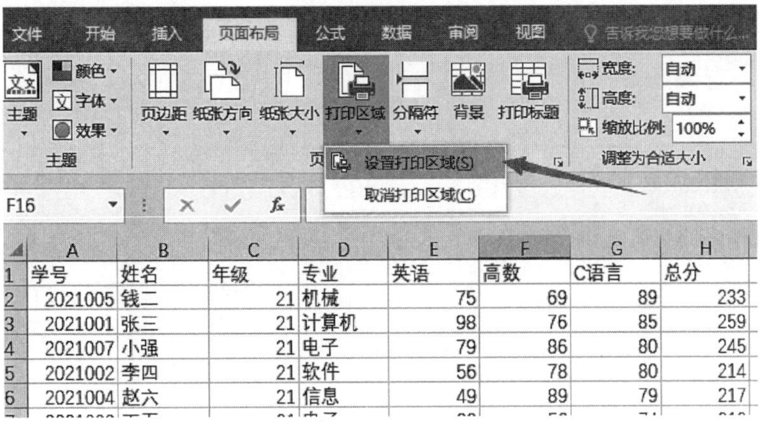

图 3-51　使用"打印区域"按钮设置打印区域

2. 使用"页面设置"对话框设置打印区域

（1）在"页面布局"选项卡下的"页面设置"功能区中单击右下方小箭头按钮，打开"页面设置"对话框，选择"工作表"标签卡，进入打印设置页面，如图 3-52 所示。

图 3-52　"工作表"标签卡

（2）单击"打印区域"文本框右侧的按钮，进入"页面设置–打印区域"编辑框，并在工作表中选择打印区域，如图 3-53 所示。

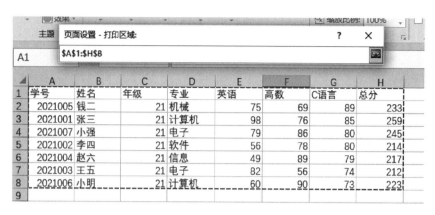

图 3-53　选择打印区域

（3）单击"页面设置-打印区域"编辑框右下角的按钮，即可返回到"页面设置"对话框，此时在"打印区域"文本框中显示的是工作表的打印区域，如图 3-54 所示。

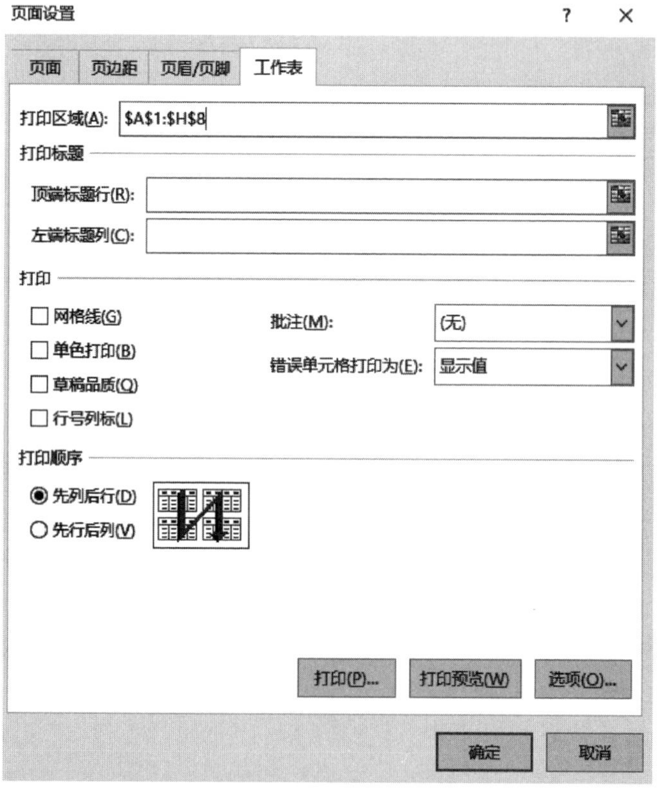

图 3-54　"页面设置"对话框中设置打印区域

（4）单击"确定"按钮，即可完成设置操作。

二、设置打印标题

设置打印标题的方法和设置打印区域的方法不同，具体的操作步骤如下：

（1）在"页面设置"对话框中选择"工作表"标签卡，单击"顶端标题行"文本框右侧的按钮，如图 3-55 所示，即可在工作表中选择标题区域。

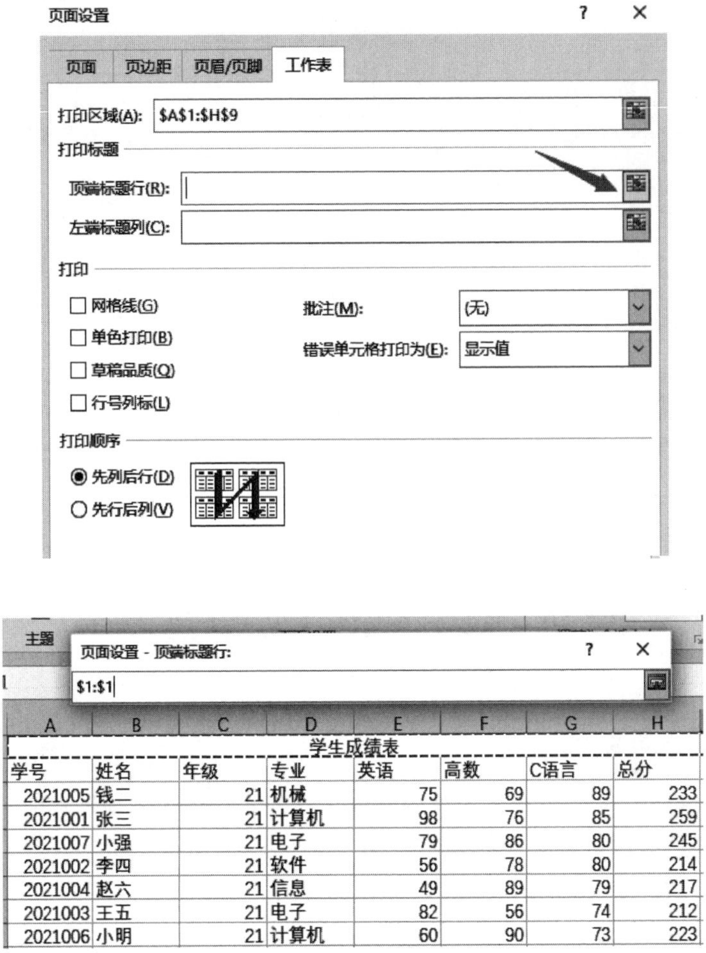

图 3-55　设置打印标题

（2）选择完毕后单击右侧按钮，返回到"页面设置"对话框，然后单击"确定"按钮，即可完成打印标题的设置操作。

三、打印预览

所有的打印设置完毕之后，就可以查看打印预览，具体的操作步骤如下：

（1）选择"文件"选项卡，进入到"文件"设置界面。

（2）选择"打印"选项，进入到"打印"窗口，即可查看整个工作表的打印预览效果，如图 3-56 所示。

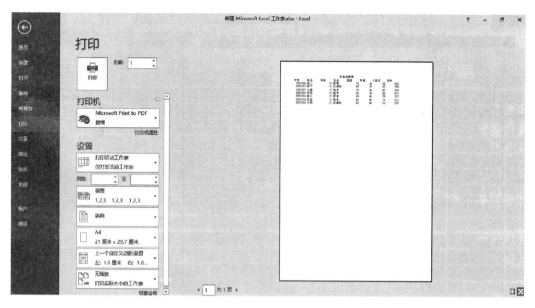

图 3-56　打印预览

　3.2　Excel 公式与函数

3.2.1　公式输入与编辑

公式与函数是 Excel 的重要组成部分,Excel 有着非常强大的计算功能,为用户分析和处理工作表中的数据提供了很大的方便。

一、输入公式

在 Excel 的单元格中输入公式的方法可分为手动输入和单击输入两种方式。

1. 手动输入法

例如,在选定的单元格中输入"=",并输入算式"1+2";输入时字符会同时出现在单元格和编辑栏中,按【Enter】键后该单元格会显示出运算结果"3",如图 3-57 所示。

	A	B	C
1	=1+2		
2			
3			
4			
5			

(a)

	A	B	C
1	3		
2			
3			
4			
5			

(b)

图 3-57　手动输入

2. 单击输入法

单击输入公式更简单快捷,也不容易出错。例如,在单元格 C1 中输入公式"=A1+B1",操作步骤如下:

（1）分别在 A1、B1 单元格中输入"1"和"2"，选择 C1 单元格，输入"="。

（2）单击单元格 A1，单元格周围会显示一个活动虚框，同时单元格引用会出现在单元格 C1 和编辑栏中。

（3）输入加号"+"，单击单元格 B1，单元格 A1 的虚线边框会变为实线边框。

（4）按【Enter】键后，结果如图 3-58 所示。

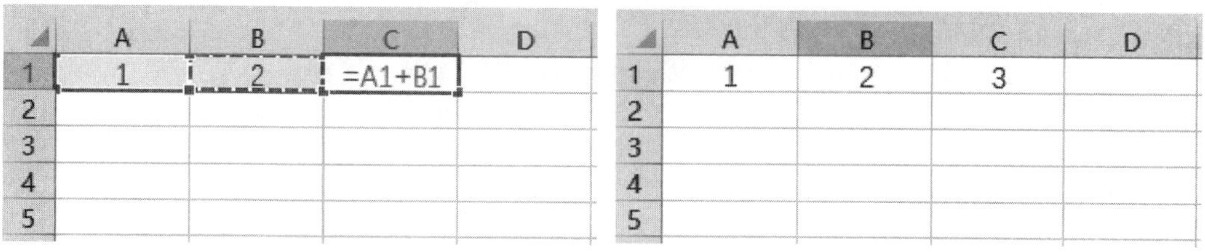

(a)　　　　　　　　　　　　(b)

图 3-58　单击输入

二、编辑公式

在进行数据运算时，如果发现输入的公式有误，可以对其进行编辑。

1. 输入公式

与上文单击输入方法类似，可在 C1 单元格中输入公式"=A1+B1"，按【Enter】键计算结果。

2. 编辑公式

选择 C1 单元格，在编辑栏中可对公式进行修改，如将"=A1+B1"改为"=A1＊B1"，按【Enter】键完成修改，结果如图 3-59 所示。

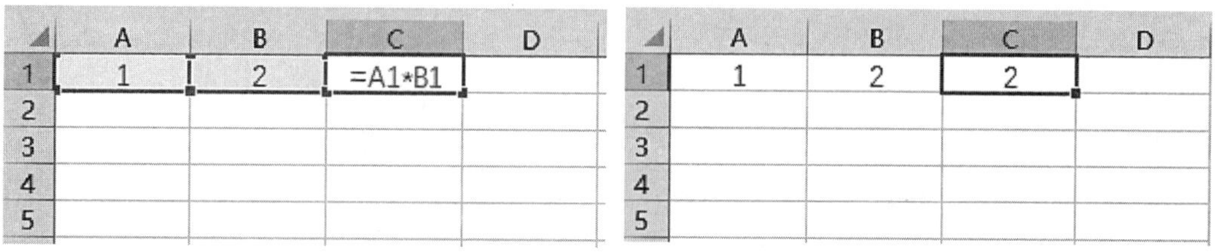

(a)　　　　　　　　　　　　(b)

图 3-59　编辑公式

3.2.2　Excel 常见函数

一、函数的输入与编辑

1. 函数的输入

手动输入函数和输入普通的公式一样，这里不再介绍。下面介绍使用函数向导输入函数，具体的操作步骤如下：

（1）在文档单元格 A1 中输入"–50"。

（2）选择 B1 单元格，单击"公式"选项卡下"函数库"功能区中的"插入函数"按钮，弹出"插入函数"对话框，如图 3-60 所示。

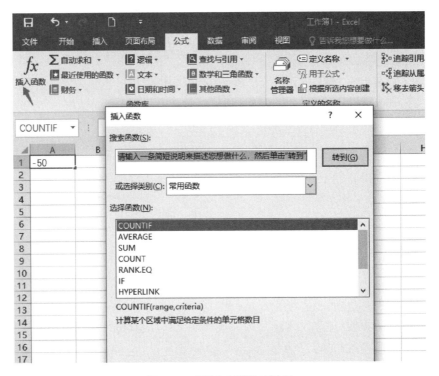

图 3-60 "插入函数"对话框

（3）在"插入函数"对话框的"或选择类别"下拉框中选择"数学与三角函数"选项，在"选择函数"列表框中选择"ABS"选项（绝对值函数），列表框下方会出现关于该函数的简单提示，单击"确定"按钮，如图 3-61 所示。

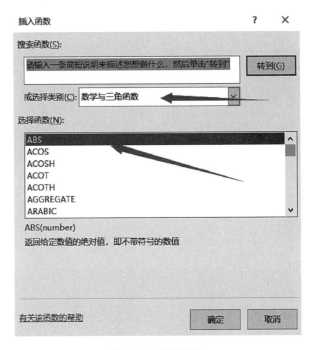

图 3-61 选择函数

（4）弹出"函数参数"对话框,在"Number"文本框中输入"A1",单击"确定"按钮,如图 3-62 所示。

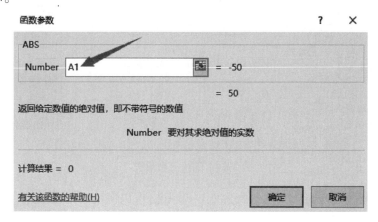

图 3-62　"函数参数"对话框

（5）单元格 A1 的绝对值即可求出,并显示在单元格 B1 中。

2. 函数的编辑

如果要编辑函数表达式,可以选定函数所在的单元格,将光标定位在编辑栏中的修改处,利用【Delete】键或【Backspace】键删除错误的内容,输入正确的内容。如果是函数的参数输入有误,选定函数所在的单元格,单击编辑栏中的"插入函数"按钮,再次打开"函数参数"对话框,重新输入正确的函数参数即可。

二、文本函数

文本函数是在公式中处理字符串的函数,主要用于查找、提取文本中的特定字符、转换数据类型,以及相关的文本内容等。本节主要介绍 LEN 函数,它用于返回文本字符串中的字符数。如身份证号码由 18 位字符组成,可以用 LEN 函数来验证身份证号码位数是否正确。

LEN 函数的语法是 LEN（text）。其中 text 是参数,表示要查找其长度的文本,或包含文本的列,这里需要注意:空格作为字符计数。

使用 LEN 函数的步骤如下:

（1）假设 E 列数据是身份证号码,选择 F2 单元格,在公式编辑栏中输入" = LEN（E2）",按【Enter】键即可得到 E2 单元格中身份证号码的位数,如图 3-63 所示。

F2		× ✓ fx	=LEN(E2)			
▲	A	B	C	D	E	F	G
1	学号	姓名	年级	专业	身份证号码		
2	2021001	张三	21	计算机	110101199003074000	18	
3	2021002	李四	21	软件	110101199003071000		
4	2021003	王五	21	电子	110101199003076000		
5	2021004	赵六	21	信息	110101199003072000		
6	2021005	钱二	21	机械	11010119900307803X		

图 3-63　LEN 函数

（2）使用快速填充功能，对 E 列其他人员的身份证号码进行验证，如图 3-64 所示。

	A	B	C	D	E	F	G
F2		▼	: × ✓ fx	=LEN(E2)			
1	学号	姓名	年级	专业	身份证号码		
2	2021001	张三	21	计算机	110101199003074000	18	
3	2021002	李四	21	软件	110101199003071000	18	
4	2021003	王五	21	电子	110101199003076000	18	
5	2021004	赵六	21	信息	110101199003072000	18	
6	2021005	钱二	21	机械	11010119900307803X	18	
7							

图 3-64　LEN 函数填充

（3）如果要返回是否为正确的身份证号码位数，可以使用 IF 函数结合 LEN 函数来判断，公式为"=IF(LEN(E2)=18,"正确","不正确")"，如图 3-65 所示。

	A	B	C	D	E	F	G
G2		▼	: × ✓ fx	=IF(LEN(E2)=18,"正确","不正确")			
1	学号	姓名	年级	专业	身份证号码		
2	2021001	张三	21	计算机	110101199003074000	18	正确
3	2021002	李四	21	软件	110101199003071000	18	
4	2021003	王五	21	电子	110101199003076000	18	
5	2021004	赵六	21	信息	110101199003072000	18	
6	2021005	钱二	21	机械	11010119900307803X	18	
7							

图 3-65　IF 函数与 LEN 函数结合使用

三、逻辑函数

逻辑函数是根据不同条件进行不同处理的函数，条件格式中使用比较运算符指定逻辑式，并用逻辑值表示结果。本节主要介绍 IF 函数，它可以根据指定的条件来判断"真"（TRUE）、"假"（FALSE），从而返回其相对应的内容。在对学生成绩进行考核时，需要根据学生的分数来判断其是否及格。条件是：当成绩大于等于 60 分时，表示"及格"；否则表示"不及格"。

IF 函数的语法是 IF(logical_test,value_if_true,value_if_false)。其中参数 logical_test 表示逻辑判断表达式；参数 value_if_true 表示当判断条件为逻辑"真"（TRUE）时，该处显示的内容，如果忽略，返回"TRUE"；参数 value_if_false 表示当判断条件为逻辑"假"（FALSE）时，该处显示的内容，如果忽略，返回"FALSE"。

使用 IF 函数的步骤如下：

（1）假设 E 列数据是学生英语课程的分数，选择 F2 单元格，在公式编辑栏中输入公式"=IF(E2>=60,"及格","不及格")"，按【Enter】键即可得出学生是否及格，如图 3-66 所示。

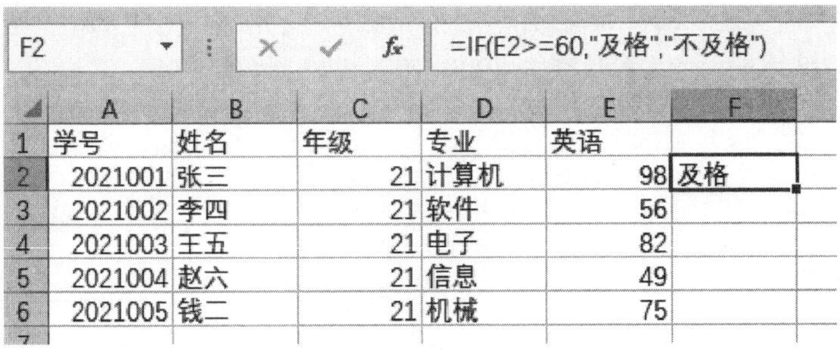

图 3-66　IF 函数

（2）可使用快速填充功能,填充其他单元格,判断其他学生是否及格,如图 3-67 所示。

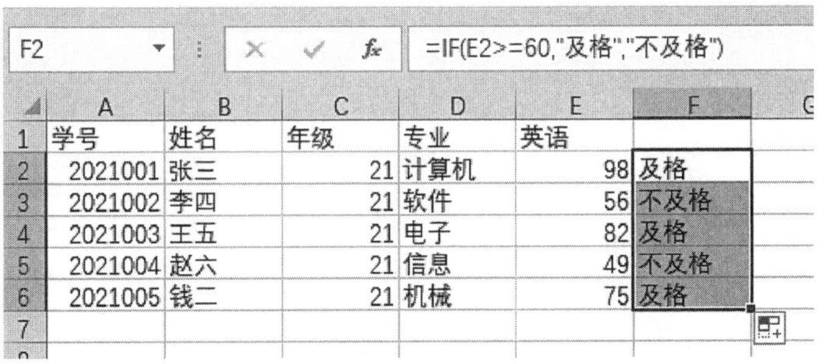

图 3-67　IF 函数填充

四、日期和时间函数

日期和时间函数主要用来获取相关的日期和时间信息,经常用于日期的处理。例如,"=NOW()"可以返回当前系统的时间、"=YEAR()"可以返回指定日期的年份等。本节主要介绍 DATE 函数,它表示特定日期的连续序列号。如已知学生的身份证号,想要得到学生的年龄,此时可以利用 DATE 函数计算。

这里先简单介绍一下 MID 函数,该函数的语法是 MID(text,start_num,num_chars),功能是返回文本字符串中从指定位置开始的特定数目的字符。其中,参数 text 为需要计算的文本字符串,参数 start_num 为字符串的开始位置,参数 num_chars 为要获取的字符串的数目。

如已知学生的身份证号码,需要得到该生的出生年份,可以使用 MID 函数来获取:"=MID(E2,7,4)",代表从 E2 单元格中的身份证号码的第七位开始取 4 位,即出生年份。同理,出生月份为"=MID(E2,11,2)",出生日期为"=MID(E2,13,2)"。

DATE 函数的语法是 DATE(year,month,day)。其中,参数 year 为指定的年份数值(小于 9999),参数 month 为指定的月份数值(不大于 12),参数 day 为指定的天数。

通过以下步骤可以计算出学生的年龄:

（1）假设 E 列数据是身份证号码,选择 F2 单元格,在公式编辑栏中输入"=YEAR(TODAY()-(DATE(MID(E2,7,4),MID(E2,11,2),MID(E2,13,2))))-1900",按【Enter】键即可得到该生的年龄。

其中 TODAY( ) 函数的功能是返回当前函数的序列号。由于 Excel 中的日期都是从 1900-1-1 开始计算的,所以需要减去 1900,如图 3-68 所示。

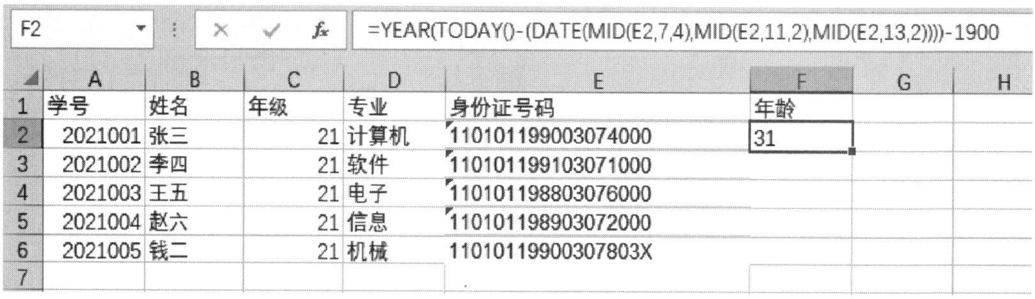

图 3-68　日期函数

（2）可使用快速填充功能,完成其他单元格的操作,如图 3-69 所示。

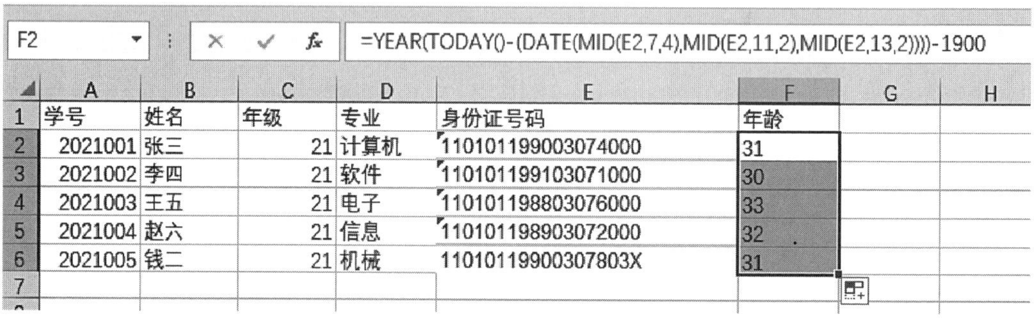

图 3-69　日期函数填充

五、统计函数

统计函数可以帮助 Excel 用户从复杂的数据中筛选有效数据。由于筛选的多样性, Excel 中提供了多种统计函数。常用的统计函数有 COUNTA 函数(返回区域中不为空的单元格的个数)、COUNT 函数(返回区域中所有单元格的个数)、AVERAGEA 函数(返回所有参数的算术平均值)等。

需要统计某门课程参加考试的学生数时可以使用 COUNTA 函数。

COUNTA 函数的功能是用于计算区域中不为空的单元格个数。语法是:COUNTA (value1,[value2],…)。其中 value1 参数为必需参数,表示要计算的值的第一个参数;其余为可选参数,表示要计算的值的其他参数,最多可包含 255 个参数。

使用 COUNTA 函数统计参加英语考试的人数,空白单元格表示没有参加考试。具体的操作步骤如下:

在单元格 F2 中输入公式"=COUNTA(E2:E8)",按【Enter】键即可返回参加英语考试的人数,如图 3-70 所示。

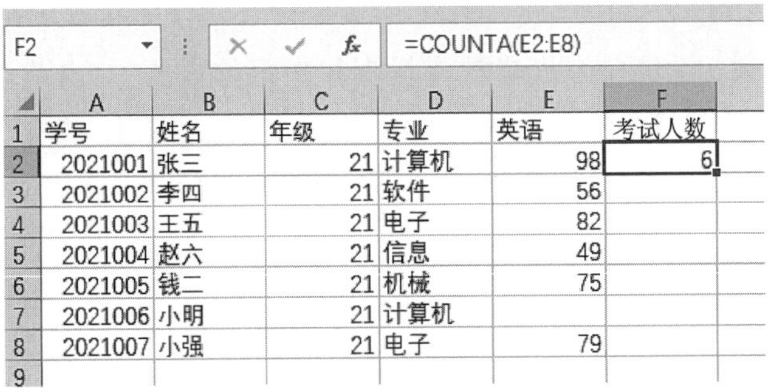

F2　=COUNTA(E2:E8)

	A	B	C	D	E	F
1	学号	姓名	年级	专业	英语	考试人数
2	2021001	张三	21	计算机	98	6
3	2021002	李四	21	软件	56	
4	2021003	王五	21	电子	82	
5	2021004	赵六	21	信息	49	
6	2021005	钱二	21	机械	75	
7	2021006	小明	21	计算机		
8	2021007	小强	21	电子	79	
9						

图 3-70　COUNT 函数

六、数学与三角函数

数学与三角函数主要用于在工作表中进行数学运算，使用数学与三角函数可以使数据的处理更加方便和快捷。

常用的数学函数有 SUM 函数、SUMIF 函数等。本节主要讲述 SUMIF 函数，它可以对区域中符合指定条件的值求和。

SUMIF 函数的语法是 SUMIF(range,criteria,sum_range)。其中 range 参数用于条件计算的单元格区域，每个区域中的单元格都必须是数字或名称、数组或包含数字的引用，空值和文本值将被忽略。criteria 参数用于确定对哪些单元格求和的条件，其形式可以为数字、表达式、单元格引用、文本或函数。sum_range 参数是要求和的实际单元格(如果要对未在 range 参数中指定的单元格求和)。如果省略 sum_range 参数，Excel 会对在范围参数中指定的单元格(应用条件的单元格)求和。

例如，假设需要在含有数字的某一列中，对满足特定条件的数值求和，比如对计算机专业的学生进行英语成绩求和，就可以采用如下公式：=SUMIF(D2:D8,"计算机",E2:E8)，如图 3-71 所示。

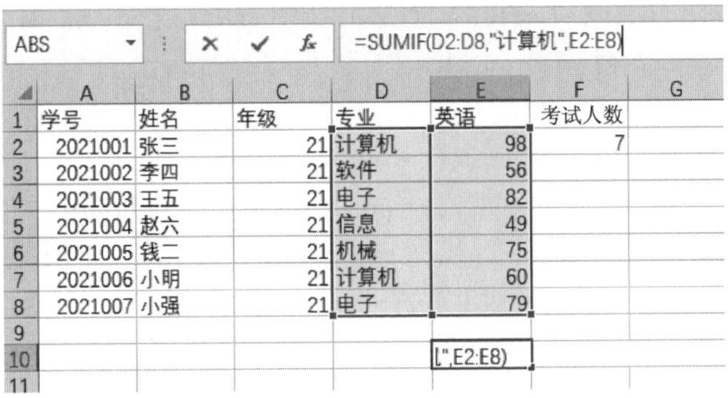

ABS　=SUMIF(D2:D8,"计算机",E2:E8)

	A	B	C	D	E	F	G
1	学号	姓名	年级	专业	英语	考试人数	
2	2021001	张三	21	计算机	98	7	
3	2021002	李四	21	软件	56		
4	2021003	王五	21	电子	82		
5	2021004	赵六	21	信息	49		
6	2021005	钱二	21	机械	75		
7	2021006	小明	21	计算机	60		
8	2021007	小强	21	电子	79		
9							
10					[",E2:E8)		
11							

图 3-71　SUMIF 函数

3.2.3　Excel 高级函数

在实际应用中，我们会用到很多高级函数，比如查找应用函数。本节主要讲述 HLOOKUP 函数(在表格的首行查找指定的数值，并由此返回表格中指定行的对应列处的数值)和 VLOOKUP 函数(在表格或数值数组的首列查找指定的数值，并由此返回表格或数组指定列的对应行处的数值)。

1. HLOOKUP 函数

HLOOKUP 函数的功能是在表格的首行查找指定的数值,并由此返回表格中指定行的对应列处的数值。

语法是:HLOOKUP(lookup_value,table_array,row_index_num,[range_lookup])

其中 lookup_value 为需要在数据表第一行中进行查找的数值,lookup_value 可以为数值、引用或文本字符串。

table_array 为需要在其中查找数据的数据表,使用对区域或区域名称的引用。

row_index_num 为 table_array 中待返回的匹配值的行序号。当 row_index_num 为 1 时,返回 table_array 第一行的数值;当 row_index_num 为 2 时,返回 table_array 第二行的数值,以此类推。如果 row_index_num 小于 1,函数 HLOOKUP 返回错误值"#VALUE!";如果 row_index_num 大于 table_array 的行数,函数 HLOOKUP 返回错误值"#REF!"。

range_lookup 是一个逻辑值,指明函数 HLOOKUP 查找时是精确匹配,还是近似匹配。如果 range_lookup 为 TURE 或者 1,则返回近似匹配值;如果 range_lookup 为 FALSE 或 0,函数 HLOOKUP 将查找精确匹配值。如果找不到,则返回错误值"#N/A";如果 range_lookup 省略,则默认为 0(精确匹配)。

2. VLOOKUP 函数

VLOOKUP 函数的功能是在表格或数值数组的首列查找指定的数值,并由此返回表格或数组指定列的对应行处的数值。

语法是:VLOOKUP(lookup_value,table_array,col_index_num,[range_lookup])

其中 lookup_value 为需要在数据表第一列中进行查找的值。lookup_value 可以为数值、引用或文本字符串。当 VLOOKUP 函数第一参数省略查找值时,表示用 0 查找。

table_array 为需要在其中查找数据的数据表。使用对区域或区域名称的引用。

col_index_num 为 table_array 中查找数据的数据列序号。当 col_index_num 为 1 时,返回 table_array 第一列的值;当 col_index_num 为 2 时,返回 table_array 第二列的值,以此类推。如果 col_index_num 小于 1,函数 VLOOKUP 返回错误值"#VALUE!";如果 col_index_num 大于 table_array 的列数,函数 VLOOKUP 返回错误值"#REF!"。

range_lookup 是一个逻辑值,指明函数 VLOOKUP 查找时是精确匹配,还是近似匹配。如果 range_lookup 为 FALSE 或 0,则返回精确匹配,如果找不到,则返回错误值"#N/A"。如果 range_lookup 为 TRUE 或 1,函数 VLOOKUP 将查找近似匹配值,也就是说,如果找不到精确匹配值,则返回小于 lookup_value 的最大数值。

需要注意的是,VLOOKUP 函数在进行近似匹配时的查找规则是从第一个数据开始匹配,没有匹配到一样的值就继续与下一个值进行匹配,直到遇到大于查找值的值,此时返回上一个数据(近似匹配时应对查找值所在列进行升序排列)。如果 range_lookup 省略,则默认为 1。

3.3 Excel 数据处理

3.3.1 数据排序

Excel 默认的排序是根据单元格中的数据进行排序的。在按升序排序时,Excel 使用如下的顺序：

（1）数值从最小的负数到最大的正数。

（2）文本按 A~Z 的顺序。

（3）逻辑值 FALSE 在前、TRUE 在后。

（4）空格排在最后。

一、单条件排序

单条件排序可以根据一行或一列的数据对整个数据表按照升序或降序的方法进行排序。操作步骤如下：

（1）选择单元格，如要按照总分由高到低进行排序，选择总分所在列的任意一个单元格（如 H3），如图 3-72 所示。

	A	B	C	D	E	F	G	H
1	学号	姓名	年级	专业	英语	高数	C语言	总分
2	2021001	张三	21	计算机	98	76	85	259
3	2021002	李四	21	软件	56	78	80	214
4	2021003	王五	21	电子	82	56	74	212
5	2021004	赵六	21	信息	49	89	79	217
6	2021005	钱二	21	机械	75	69	89	233
7	2021006	小明	21	计算机	60	90	73	223
8	2021007	小强	21	电子	79	86	80	245

图 3-72　选择单元格

（2）单击“数据”选项卡下“排序和筛选”功能区中的“降序”按钮，即可按照总分由高到低的顺序显示数据，如图 3-73 所示。

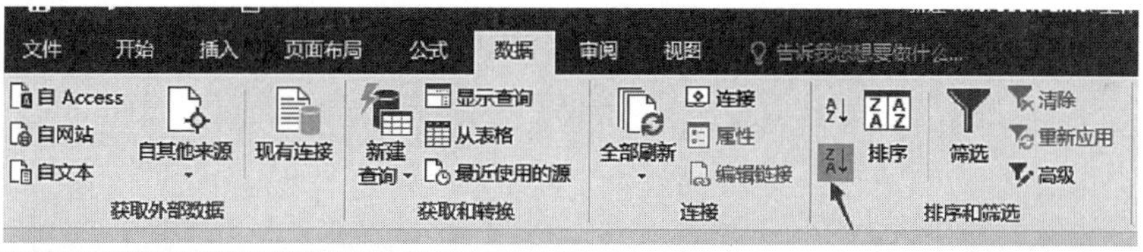

	A	B	C	D	E	F	G	H
1	学号	姓名	年级	专业	英语	高数	C语言	总分
2	2021001	张三	21	计算机	98	76	85	259
3	2021007	小强	21	电子	79	86	80	245
4	2021005	钱二	21	机械	75	69	89	233
5	2021006	小明	21	计算机	60	90	73	223
6	2021002	李四	21	软件	56	78	80	214
7	2021003	王五	21	电子	82	56	74	212
8	2021004	赵六	21	信息	49	89	73	211

图 3-73　降序排序

二、多条件排序

在成绩工作表中，如果希望按照 C 语言课程成绩由高到低进行排序，当 C 语言成绩相等时，则以英语成绩由高到低的方式显示时，就可以使用多条件排序。操作步骤如下：

（1）在打开的工作表中，选择表格中的任意一个单元格（如 F4），单击“数据”选项卡下“排序和筛选”功能区中的“排序”按钮，如图 3-74 所示。

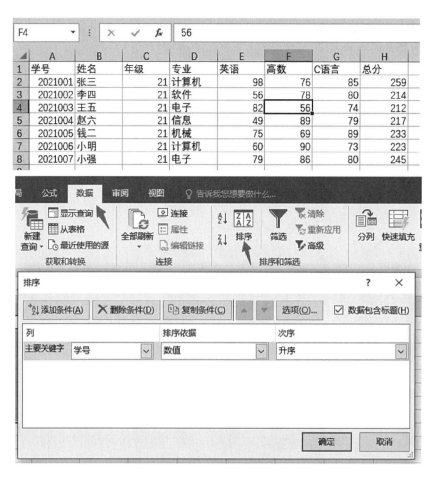

图 3-74 "排序"对话框

（2）在打开的"排序"对话框中，单击"主要关键字"后的下拉按钮，在下拉列表中选择"C 语言"选项，设置"排序依据"为"数值"，"次序"为"降序"，如图 3-75 所示。

图 3-75 设置排序条件

（3）单击"添加条件"按钮，可新增排序条件，单击"次要关键字"后的下拉按钮，在下拉列表中选择"英语"选项,设置"排序依据"为"数值"、"次序"为"降序",单击"确定"按钮,如图 3-76 所示。

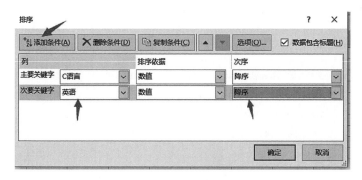

图 3-76　添加排序条件

(4)返回工作表,就可以看到数据按照 C 语言成绩由高到低的顺序进行排序,而 C 语言成绩相等时,则按照英语成绩由高到低进行排序,如图 3-77 所示。

	A	B	C	D	E	F	G	H
1	学号	姓名	年级	专业	英语	高数	C语言	总分
2	2021005	钱二	21	机械	75	69	89	233
3	2021001	张三	21	计算机	98	76	85	259
4	2021007	小强	21	电子	79	86	80	245
5	2021002	李四	21	软件	56	78	80	214
6	2021004	赵六	21	信息	49	89	79	217
7	2021003	王五	21	电子	82	56	74	212
8	2021006	小明	21	计算机	60	90	73	223

图 3-77　排序结果

三、自定义排序

Excel 具有自定义排序功能,用户可以根据需要设置自定义排序序列。例如,按照专业进行排序时就可以使用自定义排序的方式。操作步骤如下:

(1)打开成绩工作表,选择任意一个单元格,单击"数据"选项卡下"排序和筛选"功能区中的"排序"按钮,弹出"排序"对话框;在"主要关键字"下拉列表中选择"专业"选项,在"次序"下拉列表中选择"自定义序列"选项,如图 3-78 所示。

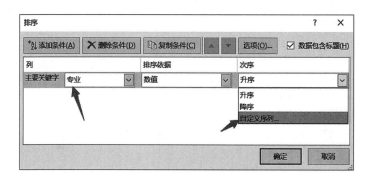

图 3-78　选择"自定义序列"

(2)在弹出的"自定义序列"对话框中,在"输入序列"列表框中输入"计算机""软件""信息""电子""机械"文本,单击"添加"按钮,将自定义序列添加至"自定义序列"列表框,单击"确定"按钮,如图 3-79 所示。

图 3-79　定义"自定义序列"

（3）单击"确定"按钮返回"排序"对话框,即可看到"次序"文本框中显示的自定义序列,单击"确定"按钮,即可查看按照自定义序列排序后的结果,如图 3-80 所示。

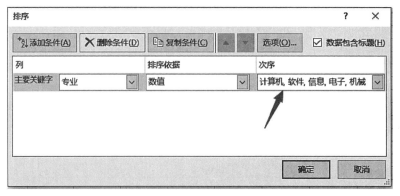

图 3-80　自定义排序结果

3.3.2　数据筛选

数据清单是指在 Excel 中按记录和字段的结构特点组成的数据区域。在数据清单中,如果用户要查看一些特定数据,就需要对数据清单进行筛选,即从数据清单中筛选出符合条件的数据,将其显示在工作表中,不满足筛选条件的数据行将自动隐藏。

通过自动筛选操作,用户就能够筛选掉那些不符合要求的数据。自动筛选包括单条件筛选和多条件筛选。

一、单条件筛选

所谓单条件筛选,就是将符合一种条件的数据筛选出来。如在成绩工作表中,将"电子"专业的学生筛选出来。操作步骤如下:

(1)打开成绩工作表,选择数据区域内的任意一个单元格。

(2)单击"数据"选项卡下"排序和筛选"功能区中的"筛选"按钮,进入"自动筛选"状态,此时在标题行每列的右侧出现一个下拉按钮,如图 3-81 所示。

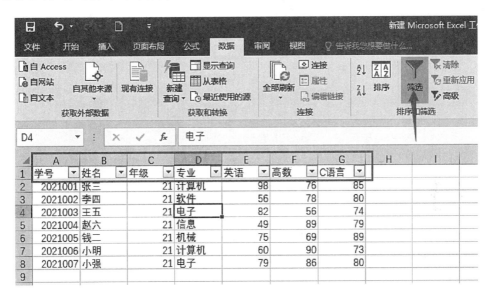

图 3-81　单击"筛选"按钮

(3)单击"专业"列右侧的下拉按钮,在弹出的下拉列表中取消选中"全选"复选框,选择"电子"复选框,单击"确定"按钮,如图 3-82 所示。

(4)经过筛选后的数据清单如图 3-83 所示,可以看到这里仅显示了"电子"专业学生的成绩,其他记录被隐藏。

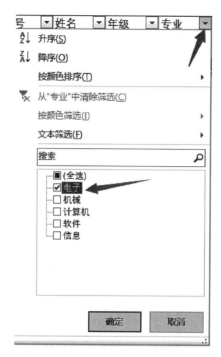

图 3-82　设置筛选信息

	A	B	C	D	E	F	G
1	学号	姓名	年级	专业	英语	高数	C语言
4	2021003	王五	21	电子	82	56	74
8	2021007	小强	21	电子	79	86	80

图 3-83　筛选结果

二、多条件筛选

多条件筛选就是将符合多个条件的数据筛选出来。如将成绩工作表中 C 语言成绩为 80 分和 85 分的学生筛选出来。操作步骤如下：

（1）打开成绩工作表，选择数据区域内的任意一个单元格。

（2）单击"数据"选项卡下"排序和筛选"功能区中的"筛选"按钮，进入"自动筛选"状态，此时在标题行每列的右侧出现一个下拉按钮，如图 3-84 所示。

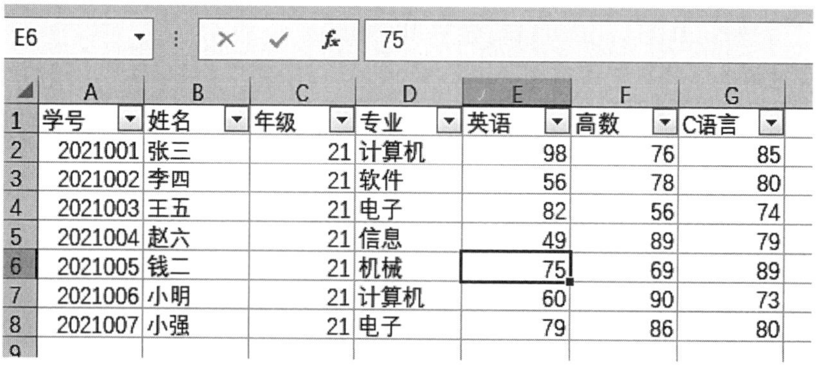

E6			✕ ✔ fx	75			
	A	B	C	D	E	F	G
1	学号	姓名	年级	专业	英语	高数	C语言
2	2021001	张三	21	计算机	98	76	85
3	2021002	李四	21	软件	56	78	80
4	2021003	王五	21	电子	82	56	74
5	2021004	赵六	21	信息	49	89	79
6	2021005	钱二	21	机械	75	69	89
7	2021006	小明	21	计算机	60	90	73
8	2021007	小强	21	电子	79	86	80

图 3-84　自动筛选

（3）单击"C 语言"列右侧的下拉按钮,在弹出的下拉列表中取消选中"全选"复选框,选择"80"和"85"复选框,单击"确定"按钮,如图 3-85 所示。

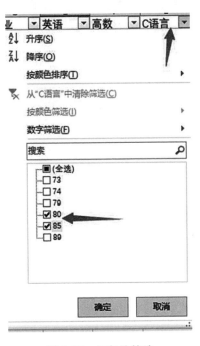

图 3-85　多条件筛选

（4）经过筛选后的数据清单如图 3-86 所示,可以看到这里仅显示了 C 语言成绩为 80 分和 85 分的学生的成绩,其他记录被隐藏。

	A	B	C	D	E	F	G
1	学号	姓名	年级	专业	英语	高数	C语言
2	2021001	张三	21	计算机	98	76	85
3	2021002	李四	21	软件	56	78	80
8	2021007	小强	21	电子	79	86	80

图 3-86　筛选结果

三、高级筛选

如果要对字段设置多个复杂的筛选条件,可以使用 Excel 提供的高级筛选功能。使用高级筛选功能之前应先建立一个条件区域。条件区域是用来指定筛选的数据必须满足的条件。在条件区域中要求包含作为筛选条件的字段名,字段名下面必须有两个空行,一行用来输入筛选条件,另一行作为空行用来把条件区域和数据区域分开。

如将计算机专业的学生筛选出来,操作步骤如下:

（1）打开成绩工作表,在 B13 单元格中输入"专业",在 B14 单元格中输入公式"="计算机"",并按【Enter】键,如图 3-87 所示。

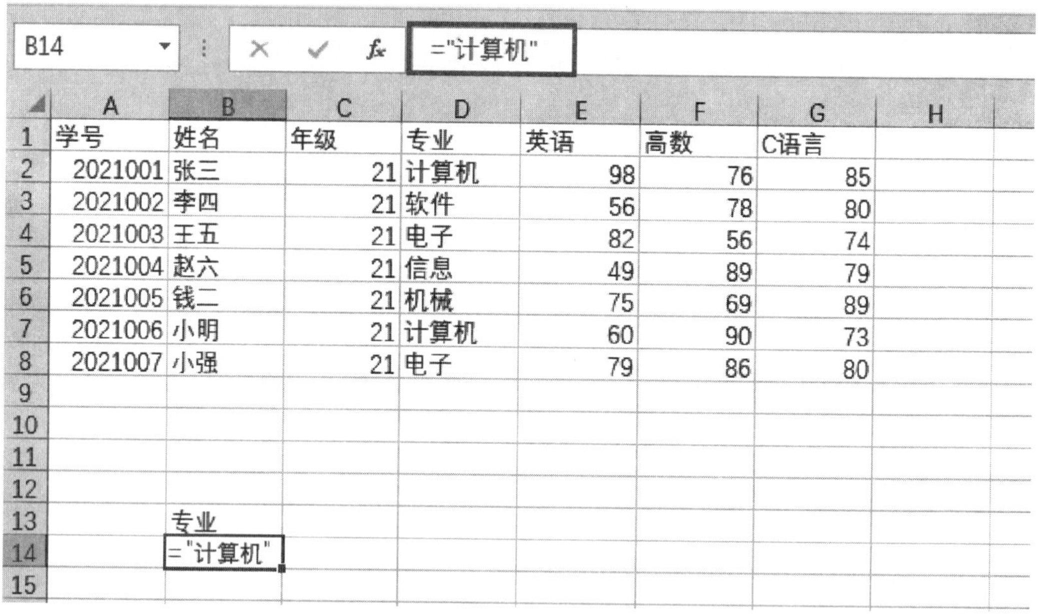

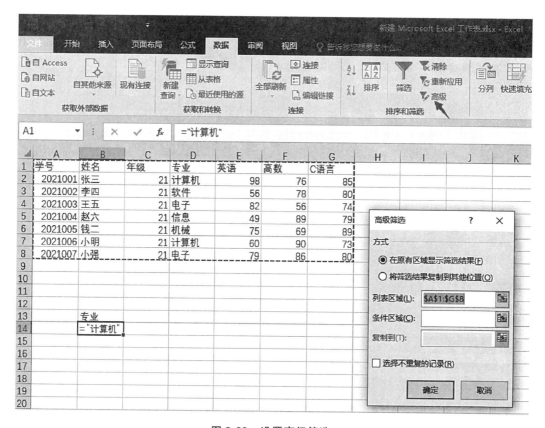

图 3-87   自定义筛选条件

（2）在"数据"选项卡中单击"排序和筛选"功能区中的"高级"按钮，弹出"高级筛选"对话框，如图 3-88 所示。

图 3-88   设置高级筛选

（3）在对话框中分别单击"列表区域"和"条件区域"文本框右侧的按钮，设置列表区域和条件区域，如图 3-89 所示。

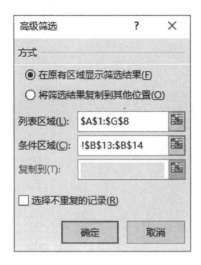

图 3-89 选择筛选条件区域

（4）设置完毕后，单击"确定"按钮，即可筛选出符合条件区域的数据，如图 3-90 所示。

	A	B	C	D	E	F	G
1	学号	姓名	年级	专业	英语	高数	C语言
2	2021001	张三	21	计算机	98	76	85
7	2021006	小明	21	计算机	60	90	73
9							

图 3-90 筛选结果

3.3.3 分类汇总

分类汇总是对数据清单中的数据进行分类，在分类的基础上对数据进行汇总。

一、简单分类汇总

使用分类汇总的数据列表，每一列数据都要有列标题。Excel 使用列标题来决定如何创建数据组以及如何计算总和。创建简单分类汇总的操作步骤如下：

（1）打开要分类汇总的成绩工作表，选择 D 列中任意一个单元格，单击"数据"选项卡下"排序和筛选"功能区中的"升序"按钮，如图 3-91 所示。

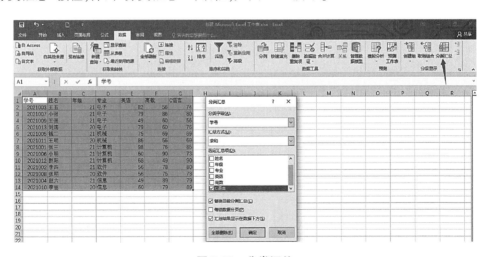

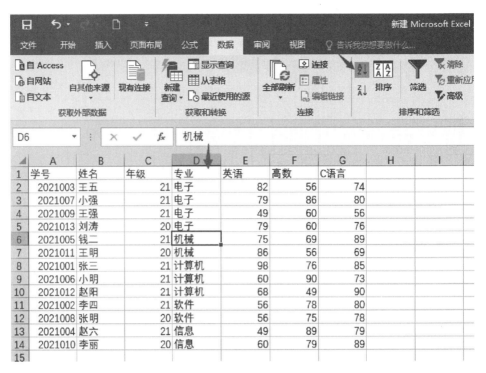

图 3-91　数据排序

（2）选择数据区域中任意一个单元格，单击"数据"选项卡下"分级显示"功能区中的"分类汇总"按钮，弹出"分类汇总"对话框，如图 3-92 所示。

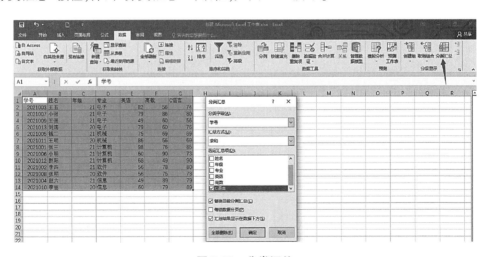

图 3-92　分类汇总

（3）在"分类字段"列表框中选择"专业"选项，表示以"专业"字段进行分类汇总。在"汇总方式"列表框中选择"求和"选项，在"选定汇总项"列表框中单击选中"C 语言"复选框，并单击选中"汇总结果显示在数据下方"复选框，单击"确定"按钮，如图 3-93 所示。

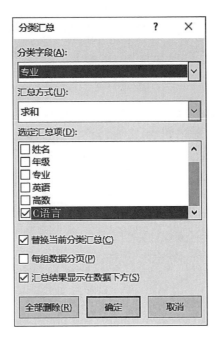

图 3-93　选择分类信息

（4）分类汇总后的结果如图 3-94 所示。

1 2 3		A	B	C	D	E	F	G	
	1	学号	姓名	年级	专业	英语	高数	C语言	
	2	2021003	王五	21	电子	82	56	74	
	3	2021007	小强	21	电子	79	86	80	
	4	2021009	王强	21	电子	49	60	56	
	5	2021013	刘涛	20	电子	79	60	76	
	6				电子 汇总			286	
	7	2021005	钱二	21	机械	75	69	89	
	8	2021011	王明	20	机械	86	56	69	
	9				机械 汇总			158	
	10	2021001	张三	21	计算机	98	76	85	
	11	2021006	小明	21	计算机	60	90	73	
	12	2021012	赵阳	21	计算机	68	49	90	
	13				计算机 汇总			248	
	14	2021002	李四	21	软件	56	78	80	
	15	2021008	张明	20	软件	56	75	78	
	16				软件 汇总			158	
	17	2021004	赵六	21	信息	49	89	79	
	18	2021010	李丽	20	信息	60	79	89	
	19				信息 汇总			168	
	20				总计			1018	
	21								

图 3-94　分类汇总后的结果

二、多重分类汇总

在 Excel 中，可以根据两个或更多个分类项对工作表中的数据进行分类汇总，进行分类汇总时需按照以下方法操作。

（1）先按分类项的优先级对相关字段排序。

（2）再按分类项的优先级多次执行分类汇总，在后面执行分类汇总时，需取消选中对话框中的"替换当前分类汇总"复选框。

三、清除分类汇总

要清除分类汇总结果，只需要在"分类汇总"对话框中单击"全部删除"按钮即可，如图 3-95 所示。

3.3.4　数据透视表

数据透视表实际上是从数据库中生成的动态总结报告，其最大的特点是具有交互性。创建数据透视表后，可以任意地重新排列数据信息，并且可以根据需要对数据进行分组。

一、创建数据透视表

使用数据透视表可以深入分析数值数据，创建数据透视表的具体操作步骤如下：

（1）打开需要创建数据透视表的工作表，选择

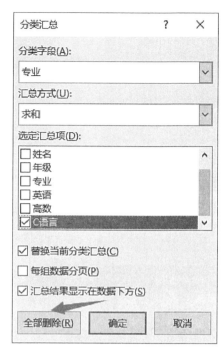

图 3-95　清除分类汇总

单元格区域 A1:G14，单击"插入"选项卡下"表格"功能区中"数据透视表"按钮，如图 3-96 所示。

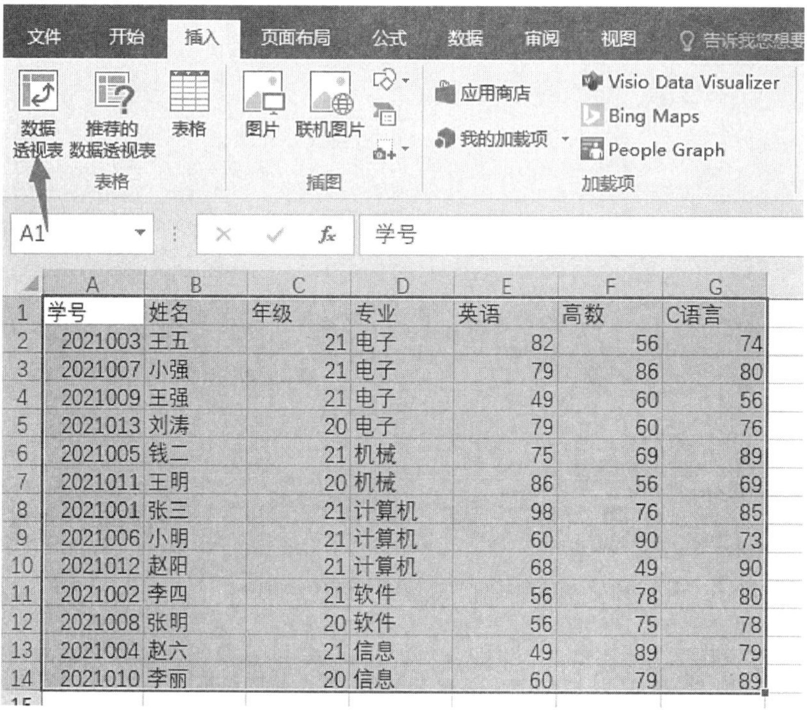

图 3-96　创建数据透视表

（2）在弹出的"创建数据透视表"对话框中，在"请选择要分析的数据"选项区中选中"选择一个表或区域"单选项，在"表/区域"文本框中设置数据透视表的数据源；再在"选择放置数据透视表的位置"选项区中选中"新工作表"单选项，最后单击"确定"按钮，如图 3-97 所示。

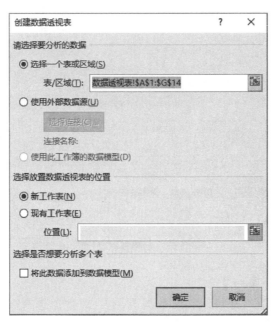

图 3-97　选择表区域

（3）弹出数据透视表的编辑界面，在工作表中会出现数据透视表，其右侧是"数据透视表字段"窗格，在菜单栏上会出现"数据透视表工具"的"分析"和"设计"两个选项卡，如图 3-98 所示。

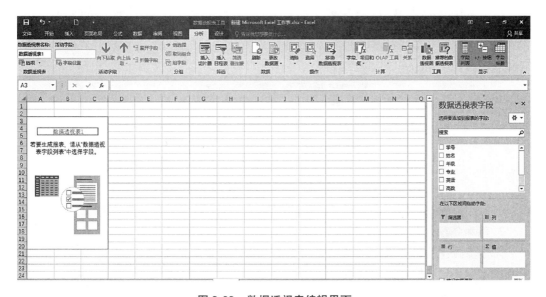

图 3-98　数据透视表编辑界面

（4）添加报表字段,将"英语"和"高数"字段拖曳到"∑值"中,将"年级"字段拖曳到"列"标签中,注意顺序,添加报表字段后的效果如图3-99所示,即可创建数据透视表。

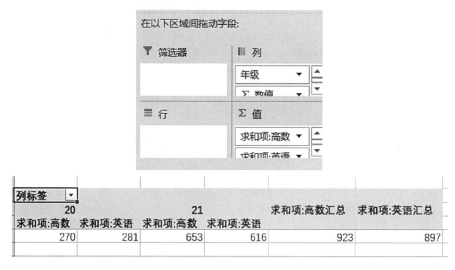

列标签				求和项:高数汇总	求和项:英语汇总
20		21			
求和项:高数	求和项:英语	求和项:高数	求和项:英语		
270	281	653	616	923	897

图3-99　创建数据透视表

二、编辑数据透视表

创建数据透视表以后,还可以编辑数据透视表,对数据透视表的编辑包括修改其布局、添加或删除字段、格式化表中的数据以及对透视表进行复制和删除等操作。

1. 删除字段

操作步骤如下:

（1）单击标签右侧的倒三角形按钮,在弹出的下拉列表中选择"删除字段"选项,即可删除字段。

（2）直接取消选中"选择要添加到报表的字段"区域中相应字段前的复选框,如图3-100所示。

图3-100　取消选中字段

（3）选择标签中的字段名称,除将其拖曳到窗口外,还可以直接将其删除。

2. 添加字段

操作步骤:在"选择要添加到报表的字段"列表中,单击选中要添加字段前的复选框,或直接拖曳字段名称到字段列表中,即可完成字段的添加。

3. 增加计算类型

操作步骤如下:

（1）选择创建的数据透视表，单击"∑值"列表右侧的倒三角形按钮，在弹出的下拉列表中选择"值字段设置"选项。

（2）在弹出的"值字段设置"对话框中，可以更改其汇总的方式，此处在"计算类型"列表框中选中"求和"选项，单击"确定"按钮，如图 3-101 所示。

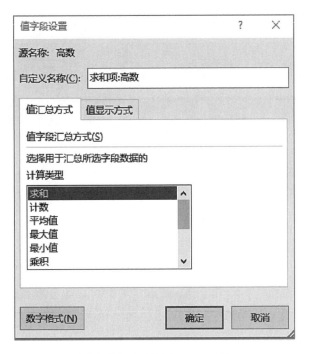

图 3-101　"值汇总方式"设置

（3）添加"求和"项后的效果如图 3-102 所示。

图 3-102　添加字段后的效果

三、美化数据透视表

创建并编辑好数据透视表后，可以对其进行美化，使其看起来更加美观。操作步骤如下：

（1）选中上一段创建的数据透视表，单击"数据透视表工具/设计"选项卡下"数据透视表样式"功能区中的任意样式，即可更改数据透视表样式，如图 3-103 所示。

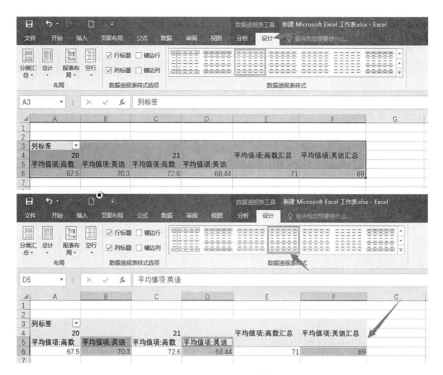

图 3-103　美化数据透视表

（2）选中数据透视表中的单元格区域 A4:C25，单击鼠标右键，在弹出的快捷菜单中选择"设置单元格格式"选项，如图 3-104 所示。

图 3-104　设置单元格格式

（3）在弹出的"设置单元格格式"对话框中，单击"填充"标签卡，在"图案颜色"下拉列表中选择"蓝色，个性色 1，深色 25%"，在"图案样式"下拉列表中选择"细，水平，条纹"，然后单击"确定"按钮，如图 3-105 所示。

（4）填充单元格的效果如图 3-106 所示。

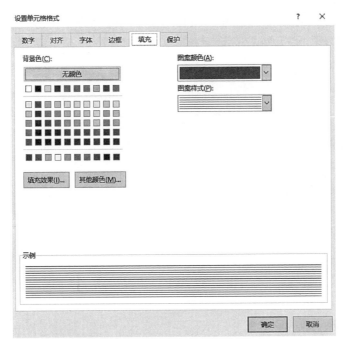

图 3-105　"设置单元格格式"对话框

列标签				平均值项:高数汇总	平均值项:英语汇总
20		21			
平均值项:高数	平均值项:英语	平均值项:高数	平均值项:英语		
67.5	70.3	72.6	68.44	71	69

图 3-106　填充单元格的效果

3.3.5　数据透视图

与数据透视表一样,数据透视图也是交互式的。创建数据透视图时,筛选的数据透视图将显示在图表区。当改变相关联的数据透视表中的字段布局或数据时,数据透视图也会随之发生变化。

一、创建数据透视图

创建数据透视图的方法与创建数据透视表类似,操作步骤如下:

(1)在上段的数据透视表中任意选择一个单元格。

(2)单击"插入"选项卡下"图表"功能区中的"数据透视图"选项,在弹出的下拉列表中选择"数据透视图"选项,如图 3-107 所示。

图 3-107　插入数据透视图

（3）弹出"插入图表"对话框，在左侧的"所有图表"列表中单击"柱形图"选项，在右侧选择"簇状柱形图"选项，然后单击"确定"按钮，如图3-108所示。

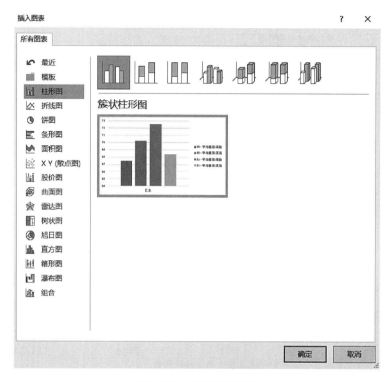

图3-108　选择图表类型

（4）创建好数据透视图后，当鼠标指针在图表区变为形状时，按住鼠标左键拖曳，可调整数据透视图到合适位置，如图3-109所示。

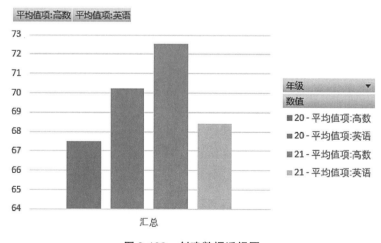

图3-109　创建数据透视图

提示：创建数据透视图时，不能使用XY散点图、气泡图和股价图等图表类型。

二、编辑数据透视图

创建数据透视图以后,就可以对其进行编辑了。对数据透视图的编辑包括修改其布局、数据在透视图中的排序、数据在透视图中的显示等。

用户可以根据需要在打开的"数据透视图工具"的"设计"和"分析"选项卡下编辑数据透视图,如图 3-110 所示。

图 3-110　编辑数据透视图

也可以通过右侧的"数据透视图字段"窗格修改数据透视图的布局,如图 3-111 所示。

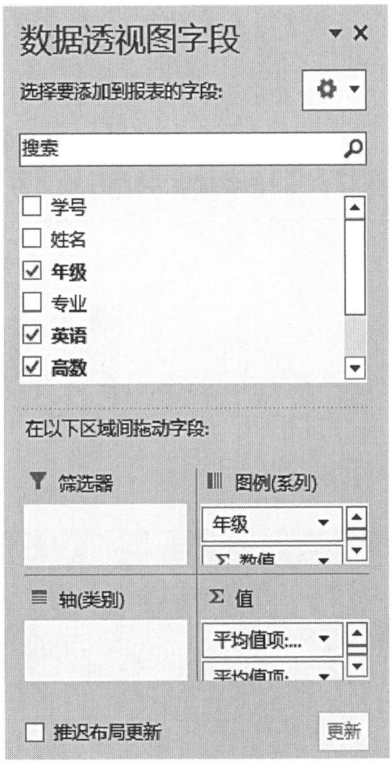

图 3-111　"数据透视图字段"窗格

第 4 章　　PowerPoint 2016

随着电脑和智能手机的普及,演示文稿正成为人们学习、工作和生活中的重要组成部分,广泛应用于产品推广、项目汇报、企业宣传、管理咨询、课堂教学等各个领域。PowerPoint 2016 是微软公司推出的 Microsoft Office 2016 组件之一,专门用于制作幻灯片演示文稿。利用 PowerPoint 2016 能够制作出集文字、图形、图像、声音、动画及视频于一体的演示文稿,使得演示文稿更加具有艺术表现力。PowerPoint 2016 制作的演示文稿可以通过计算机屏幕、投影仪、Web 浏览器等多种途径进行播放。随着办公自动化的普及,PowerPoint 2016 为人们传播信息、扩大交流提供了极为方便的手段。

4.1　PowerPoint 使用入门

4.1.1　启动 PowerPoint

单击"开始"按钮,若首次打开演示文稿,需要找到字母 P 索引的位置,找到"Power-Point",选择此选项;若"PowerPoint"已经被固定到"开始"菜单,可以直接单击"PowerPoint"按钮,如图 4-1 所示。

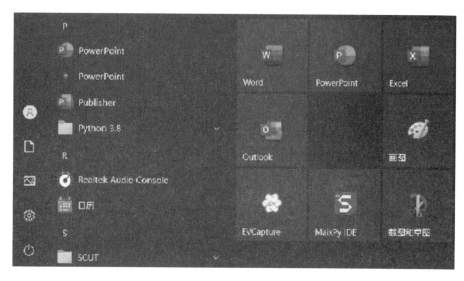

图 4-1　通过"开始"菜单启动 PowerPoint 2016

单击"空白演示文稿",创建一个空白的演示文稿,如图 4-2 所示。

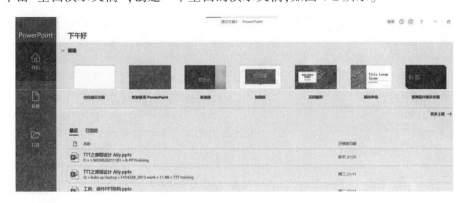

图 4-2　创建空白演示文稿

打开的空白演示文稿界面如图 4-3 所示。

图 4-3　空白演示文稿界面

除了上述的启动方法外,还可以通过双击电脑桌面上的 PowerPoint 2016 图标(如果存在)和电脑硬盘存储的以.pptx 结尾的文件来启动 PowerPoint 2016 软件。

4.1.2　认识操作界面

一、工作界面组成

为了快速学习演示文稿的制作,我们先来熟悉它的工作界面。PowerPoint 2016 的工作界面由快速访问工具栏、标题栏、功能选项卡、功能区、缩略图窗格、幻灯片编辑区、备注窗格等部分组成,如图 4-4 所示。

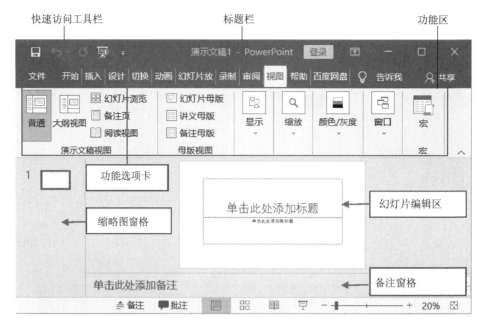

图 4-4　PowerPoint 2016 工作界面

PowerPoint 2016 工作界面中各模块的组成及功能介绍如下:

(1) 标题栏:位于 PowerPoint 工作界面的最顶端一栏,它用于显示演示文稿文件名称,最右侧的 4 个按钮分别是功能区显示选项、最小化、最大化(或向下还原)和关闭按钮。

(2) 快速访问工具栏:该工具栏上提供了最常用的"保存""撤消""恢复"按钮(根据不同的操作该按钮会发生变化)和从头开始放映(F5)按钮,单击对应的按钮可执行相应的操作。如需在快速访问工具栏中添加其他按钮,可单击其后的小箭头按钮,在弹出的下拉菜单中选择相应的命令。

(3) 功能区:在功能区中有许多自动适应窗口大小的工具栏,不同的工具栏中又放置了与此相关的命令按钮或列表框。

(4) 缩略图窗格:用于显示演示文稿的幻灯片数量及位置,通过它可更加方便地掌握整个演示文稿的结构。在"幻灯片"窗格下,将显示整个演示文稿中幻灯片的编号及缩略图;在"大纲"窗格下,将列出当前演示文稿中各张幻灯片中的文本内容。

(5) 备注窗格:可供幻灯片制作者或幻灯片演讲者查阅该幻灯片的详细备注信息,在播放演示文稿时对需要的幻灯片添加说明和注释,可以帮助演示者更好地解说演示文稿。

(6) 幻灯片编辑区:这是整个工作界面的核心区域,用于显示和编辑幻灯片,在其中可输入文字内容、插入图片、设置背景和动画效果等。

(7) 功能选项卡:相当于 PowerPoint 2016 的菜单命令,它将 PowerPoint 2016 的所有命令集成在几个功能选项卡中,选择某个功能选项卡可切换到相应的功能区。

二、菜单栏功能

PowerPoint 的菜单栏包括 10 个选项卡,通过鼠标单击对应的选项卡可以自由切换。

1. "文件"选项卡

"文件"选项卡主要包括信息、新建、打开、另存为、打印等功能,可以创建新文件、打开或保存现有文件和打印演示文稿等,如图 4-5 所示。

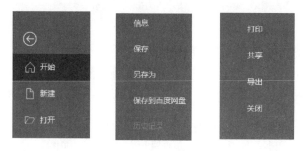

图 4-5　"文件"选项卡

2."开始"选项卡

"开始"选项卡主要包括新建幻灯片、字体、段落等功能,在此功能区可插入新幻灯片、将对象组合在一起以及设置幻灯片上文本的格式,如图 4-6 所示。

图 4-6　"开始"选项卡

3."插入"选项卡

"插入"选项卡可实现插入表格、图片、形状、图表、文本框、页眉和页脚等功能,如图 4-7 所示。

图 4-7　"插入"选项卡

4."设计"选项卡

"设计"选项卡主要包括主题、幻灯片大小、设置背景格式等功能。使用"设计"选项卡可自定义演示文稿的背景、选择主题和颜色或者设置页面信息等,如图 4-8 所示。

图 4-8　"设计"选项卡

5."切换"选项卡

"切换"选项卡主要包括切换到此幻灯片、计时、切换方式等功能。使用"切换"选项卡可以设置幻灯片的切换效果、切换声音以及切换时长等,如图 4-9 所示。

图 4-9 "切换"选项卡

6. "动画"选项卡

"动画"选项卡主要包括添加动画、高级动画、计时等功能。使用"动画"选项卡可以对幻灯片上的对象编辑动画特效、设置动画执行的时长等,如图 4-10 所示。

图 4-10 "动画"选项卡

7. "幻灯片放映"选项卡

"幻灯片放映"选项卡主要包括开始放映幻灯片、设置幻灯片放映、隐藏幻灯片等功能。使用"幻灯片放映"选项卡可以进行幻灯片放映、自定义幻灯片放映、隐藏单个幻灯片等设置,如图 4-11 所示。

图 4-11 "幻灯片放映"选项卡

8. "录制"选项卡

"录制"选项卡主要包括录制、内容、自动播放媒体、保存等功能。使用"录制"选项卡可以进行录制工作(录制 PowerPoint 演示文稿或单张幻灯片,并捕获语音、墨迹手势、视频状态),也可以进行屏幕截图和将屏幕视频录制加载到幻灯片,还可以把演示文稿转换成幻灯片放映或视频,如图 4-12 所示。

图 4-12 "录制"选项卡

9. "审阅"选项卡

"审阅"选项卡主要包括校对、语言、批注、比较等功能。使用"审阅"选项卡可以检查

拼写、更改演示文稿中的语言或比较当前演示文稿与其他演示文稿的差异等,如图 4-13
所示。

图 4-13　"审阅"选项卡

10. "视图"选项卡

"视图"选项卡主要包括演示文稿视图、母版视图、显示、颜色/灰度、窗口等功能。使
用"视图"选项卡可以切换演示文稿视图模式,查看幻灯片母版、备注母版,浏览幻灯片,
还可以打开或关闭标尺、网格线和参考线,如图 4-14 所示。

图 4-14　"视图"选项卡

4.1.3　认识 PowerPoint 视图

PowerPoint 2016 提供了 5 种演示文稿视图方式,分别是普通、大纲视图、幻灯片浏览、备
注页和阅读视图,另有母版视图方式,包括幻灯片母版、讲义母版和备注母版。根据幻灯片
编辑的需要,用户可以在不同的视图上进行演示文稿的制作。要切换视图方式,可以选择
"视图"选项卡功能区中的相应视图命令按钮,或单击窗口底部的视图切换按钮。

1. 普通视图

PowerPoint 2016 默认显示普通视图,在该视图中可以同时显示幻灯片编辑区、幻灯片缩
略图窗格以及备注窗格。它主要用于调整演示文稿的结构及编辑单张幻灯片中的内容。用
户可同时观察到演示文稿中某个幻灯片的显示效果及备注内容,用户的整个输入和编辑工
作都集中在这个统一的视图中。普通视图方式是文稿编辑工作中最常用的视图方式。

2. 大纲视图

大纲视图含有大纲窗格、幻灯片编辑区和幻灯片备注窗格。在大纲窗格中显示演示
文稿的文本内容和组织结构,不显示图形、图像、图表等素材信息。

3. 幻灯片浏览视图

幻灯片浏览视图侧重于演示文稿的全部幻灯片的显示,它将幻灯片按照顺序排列在
窗口中,在幻灯片浏览视图模式下可浏览幻灯片在演示文稿中的整体结构和效果。在该
方式下,也可以改变幻灯片的版式和结构,如更换演示文稿的背景、移动或复制幻灯片等。

4. 备注页视图

备注页视图用于显示和编辑备注页,既可以插入文本内容,又可以插入图片等素材
信息。

注意：在普通视图的备注窗格中不能显示和插入图片等素材信息。

5. 阅读视图

阅读视图用于在方便审阅的窗口中查看演示文稿，而不是使用全屏的幻灯片放映视图。如果要更改演示文稿，可随时从阅读视图切换至其他视图。

6. 母版视图

母版视图包括幻灯片母版视图、讲义母版视图和备注母版视图。它是存储有关演示文稿信息的主要幻灯片，其中包括背景、颜色、字体、效果、占位符的大小和位置。使用母版视图的一个主要优点是：在幻灯片母版、备注母版或讲义母版上，可以对与演示文稿关联的每张幻灯片、备注页或讲义的样式进行全局更改。

4.1.4 演示文稿的基本操作

启动 PowerPoint 2016 后，就可以对 PowerPoint 文件(演示文稿)进行操作了。由于 Office 软件的共通性，演示文稿的操作与 Word 文档的操作有一定的相似之处。

1. 新增幻灯片

方法 1：单击"开始"选项卡，在"幻灯片"功能区中单击"新建幻灯片"按钮，可以直接新增一张幻灯片；若单击"新建幻灯片"按钮，可以在展开的幻灯片版式下拉菜单中选择不同版式新建幻灯片，如图 4-15 所示。

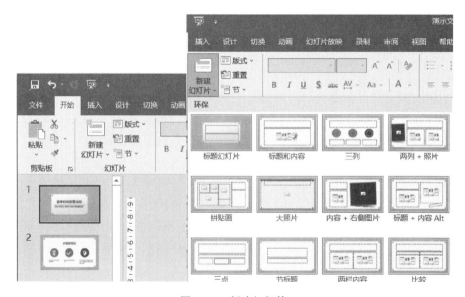

图 4-15　新建幻灯片

方法 2：在"幻灯片缩略图窗格"中选中一张幻灯片缩略图，单击鼠标右键，在展开的快捷菜单中选择"新建幻灯片"命令，即可在选中的幻灯片下面插入一张新幻灯片。

方法 3：在"幻灯片缩略图窗格"相应位置，直接单击键盘上的【Enter】键，即可插入一张新幻灯片。

2. 删除幻灯片

在"幻灯片缩略图窗格"中选中一张幻灯片缩略图，单击鼠标右键，在展开的快捷菜单中选择"删除幻灯片"命令，即可删除该幻灯片，也可以直接单击【Delete】键删除该幻灯片。

3. 保存演示文稿

在"文件"选项卡中执行"保存"或"另存为"命令,单击"另存为"选项,再选择"浏览",打开"另存为"对话框,选择路径并输入文件名,单击"保存"按钮即可。若第一次单击"保存"选项,同样也会打开"另存为"对话框。

4. 退出 PowerPoint

方法 1:单击标题栏右侧的"关闭"按钮。

方法 2:在"文件"选项卡中单击"关闭"按钮。

4.2　演示文稿的编辑与修饰

演示文稿的编辑包括在幻灯片中输入文字内容,将输入的文本以更加形象的格式或效果呈现出来,还包括在幻灯片中插入图形、图像、音频、视频等多媒体元素。

4.2.1　文本编辑

1. 输入文本

方法 1:通过占位符输入文本。占位符是指幻灯片模板中还没有实际内容,用虚线框或符号占住一个固定位置,等待用户往里面添加内容。虚框线内部往往有"单击此处添加标题"之类的提示符,一旦单击鼠标,提示符就会自动消失。

方法 2:利用文本框输入文本。单击"插入"选项卡的"文本"功能区中的"文本框"按钮,在幻灯片任何位置单击放置文本框,输入文字或其他内容,如图 4-16 所示。

图 4-16　输入文本框

2. 编辑文本框

文本框可以根据实际需要调整其大小。选择文本框,当光标变成斜双向箭头时,单击并按住鼠标左键直接拖动文本框,即可粗略调整大小,也可以通过单击"形状格式"选项卡,在右侧"大小"功能区中对文本框高度、宽度进行精确设置,如图 4-17 所示。

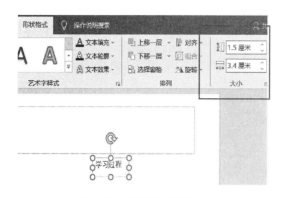

图 4-17　设置文本框大小　　　　　　　　图 4-18　设置文本框格式

　　默认状态下,文本框是无填充和无边框的。先选中文本框,再选择"形状格式"选项卡,在"形状样式"功能区中有"形状填充/形状轮廓/形状效果"选项,可以为文本框设置丰富的底纹、轮廓或投影效果,如图 4-18 所示。

　　3. 设置文本格式

　　首先选中目标文本,单击"开始"选项卡,可以通过"字体"功能区中的选项设置文字的字体、大小、颜色和阴影等;还可以单击"字体"功能区右下角的按钮,在打开的"字体"对话框中对文本进行更加详细的设置,如图 4-19 所示。

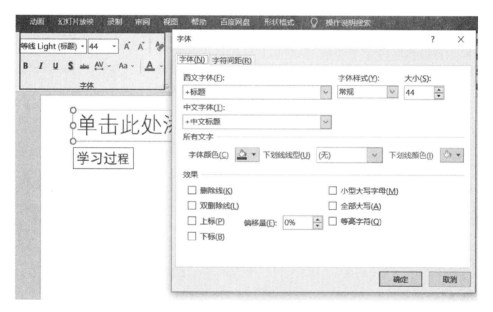

图 4-19　设置文本格式

　　4. 设置文本段落格式

　　文本段落的设置方法和效果与 Word 2016 中的设置基本类似。先选中文本,在"开始"选项卡的"段落"功能区中,选择相应的选项进行文本段落设置,如文本对齐、缩进、行间距和文字方向等,还可以利用"项目符号"、"编号"和"转换及 Smart Art 图形"等功能来给文本添加项目编号、编号和编排图形,方便文本排版操作,如图 4-20 所示。

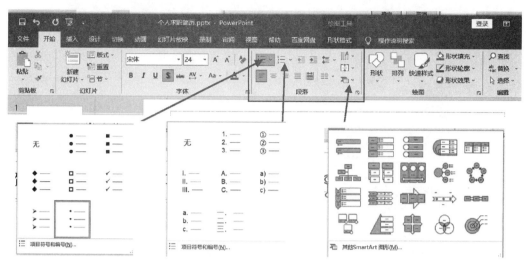

图 4-20　设置文本段落格式

5. 输入艺术字

艺术字用于制作幻灯片标题,可使文稿变得生动、醒目。在"插入"选项卡的"文本"功能区中,选择"艺术字"选项,在展开的列表中选择一个样式,在"幻灯片编辑区"里会出现一个文本框,提示"请在此放置您的文字",如图 4-21 所示。

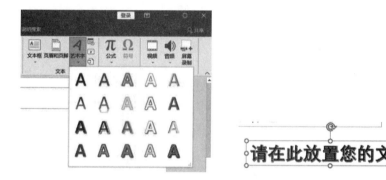

图 4-21　输入艺术字

输入艺术字后,还可以对艺术字进行设置,有形状填充、形状轮廓、形状效果、文本填充、文本轮廓、文本效果、层叠方式、对齐方式等多种设置,如图 4-22 所示。

图 4-22　设置艺术字

4.2.2　在幻灯片中插入图形和表格

1. 在幻灯片中插入图形

在"开始"选项卡"绘图"功能区中单击"形状"按钮,可以打开形状图形库,可以制作各种图形。根据需要,单击图形小图标后,用鼠标在幻灯片编辑区拖出需要的图形大小,如图 4-23 所示。

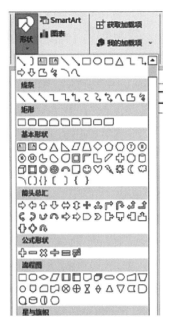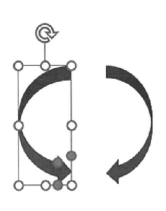

图 4-23　形状图形库

2. 设置自选图形格式

单击选中的自选图形,在"绘图工具\形状格式"选项卡下的"形状样式"功能区中可以具体设置形状的各种效果,如形状填充、形状轮廓、形状效果等,如图 4-24 所示。

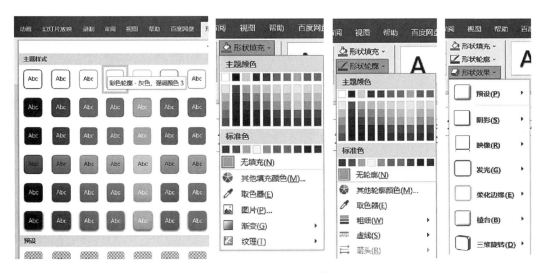

图 4-24　设置自选图形格式

3. 在幻灯片中插入表格

在"插入"选项卡"表格"功能区中单击"表格"按钮,鼠标会自动跳到小方格区域,下拉鼠标自动增加行数和列数,同时在幻灯片编辑区中出现对应的表格,如图 4-25 所示。

图 4-25　插入表格

4. 在幻灯片中插入图表

在"插入"选项卡"插图"功能区中单击"图表"按钮,弹出"插入图表"对话框,根据需要选择相应的图表类型,如选择"柱状图"选项,在幻灯片编辑区出现 Excel 表格和柱状图,可以进行变量名称和数值修改,如图 4-26 所示。如果有许多数据要制成图表,请先在 Excel 中创建图表,然后将该图表复制到演示文稿中。若数据定期会发生变化,并且希望图表始终反映最新的数据,这是最佳的制作方式。这种情况下,在复制并粘贴图表时,需让该图表与原始 Excel 文件保持链接。

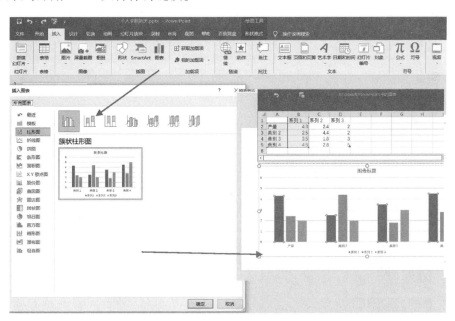

图 4-26　插入图表

5. 在幻灯片中插入图片

在"插入"选项卡"图像"功能区中单击"图片"按钮,弹出"插入图片来自"的两个选项"此设备"和"联机图片",单击"此设备"可以从本机磁盘选择图片,单击"联机图片"可以插入网络上的图片,如图 4-27 所示。

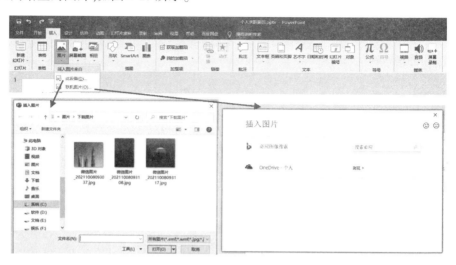

图 4-27　插入图片

在幻灯片中插入图片后,单击此图片,出现"图片工具\图片格式"选项卡,选择此选项卡,功能区会出现多个可以编辑图片格式的选项。如可以通过"调整"功能区中的"校正"、"颜色"和"艺术效果"来调整图片颜色特征;通过"图片样式"功能区中的"图片边框"、"图片效果"和"图片版式"来调整图片边框、视觉效果和版式;通过"排列"功能区中的"上移一层"、"下移一层"和"对齐"来排列图片位置;通过"大小"功能区中的"宽度"和"高度"来精确设置图片的大小,如图 4-28 所示。

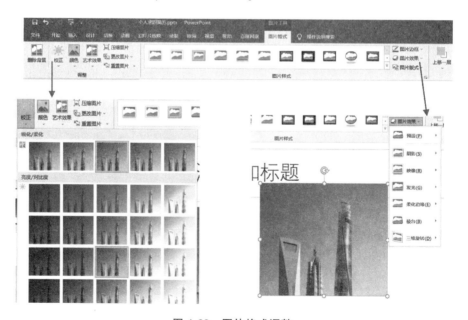

图 4-28　图片格式调整

4.2.3　版式与母版设计

1. 版式的定义

版式是一张幻灯片的框架,决定着幻灯片中包含的元素种类和布局。如任何一个空白的演示文稿中都包含若干版式,如图 4-29 所示,用户可以根据需要选择合适的版式来设计幻灯片的框架。一般情况下,第一页为标题幻灯片,可以使用"标题幻灯片"版式;正文部分可以使用"标题和内容"、"三列"和"两列+照片"等版式。如果要比较两部分内容,可以使用"两栏内容"版式,如果内容只是图片,可以选择"大照片"版式。

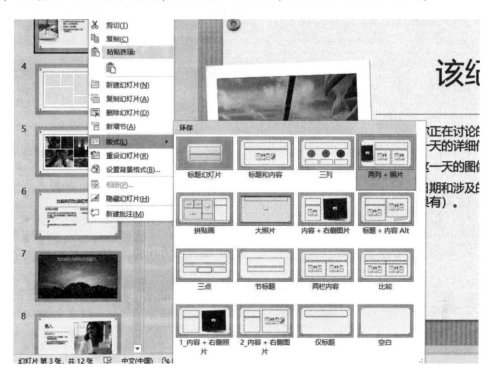

图 4-29　幻灯片版式库

2. 版式的组成

幻灯片版式可以包含零到多个占位符。占位符的对象可以是文字、图片、图表、表格等,通常会根据实际的需求,在版式中添加特定的占位符。

3. 母版的定义

母版是主题和版式的集合。每一个演示文稿都至少包含一个母版,用户可以通过母版统一幻灯片的格式(字体、字号、占位符大小和位置、背景设计和配色方案),以达到版式风格大致统一的目的。

4. 母版的组成

如果想对幻灯片的版式进行添加、删除或修改等操作,则需要进入幻灯片的母版编辑视图,在"视图"选项卡的"母版视图"功能区中单击"幻灯片母版"按钮,进入母版的编辑视图,设置界面如图 4-30 所示。"幻灯片母版"选项卡如图 4-31 所示。

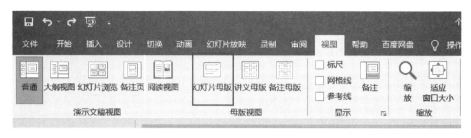

图 4-30 切换视图为"幻灯片母版"视图

图 4-31 "幻灯片母版"选项卡

如果需要修改幻灯片母版,可以在"幻灯片母版"选项卡的功能区使用相关的功能。在版式中插入占位符的操作如图 4-32 所示,可先添加指定的占位符之后,再去调整各占位符的位置。也可以单击"主题"按钮,在弹出的对话框中选择合适的主题,每个主题使用唯一的一组颜色、字体和效果来创建幻灯片母版的整体外观,如图 4-33 所示。

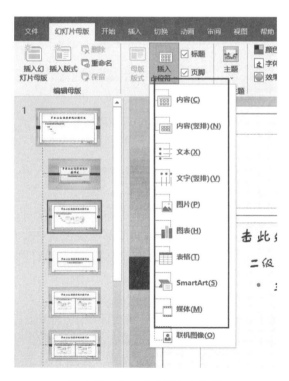

图 4-32 在版式中插入占位符

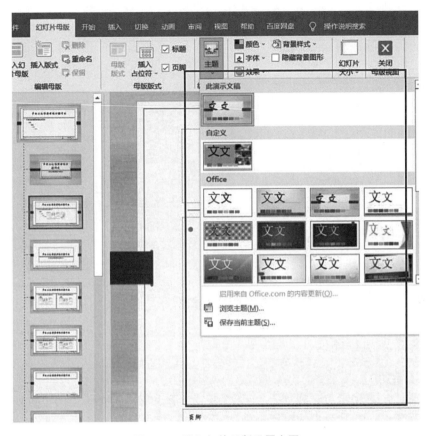

图 4-33　给幻灯片母版设置主题

4.2.4　演示文稿的超链接

在演示文稿中使用超链接功能可以跳转到不同的预设地方,如跳转到演示文稿中某张幻灯片、其他演示文稿、Word 文档、Excel 表格或网上的某个链接地址等。在幻灯片中建立超链接的步骤如下:

(1) 选中幻灯片中要链接的文本,单击"插入"选项卡,选择"链接"功能区中的"超链接"选项,或单击右键,在弹出的快捷菜单中选择"超链接"命令,如图 4-34 所示。

(2) 在对话框左侧"链接到"列表中选择要链接的目标类型,若是链接到现有的文件或网页上,则单击"现有文件或网页"图标;若要链接到当前演示文稿的某个幻灯片页面,则可单击"本文档中的位置"图标;若要链接到一个新演示文稿,则单击"新建文档"图标;若要链接到电子邮件,则可以单击"电子邮件地址"图标。

(3) 在"要显示的文字"文本框中显示的是所选中的文字内容,设置超链接功能成功后,单击此文字内容可实现跳转,也可以更改。

(4) 单击"屏幕提示"按钮,弹出对话框,可以输入相应的提示信息,在放映幻灯片时,当鼠标指针指向该超链接时会出现提示信息。

(5) 完成各种设置后,单击"确定"按钮。若要删除超链接,单击"删除链接"按钮,即可取消超链接。

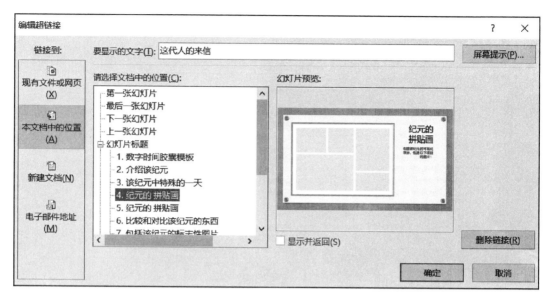

图 4-34 "编辑超链接"对话框

4.2.5 音频和视频处理

1. 插入音频

单击"插入"选项卡,在"媒体"功能区中单击"音频"按钮,在弹出的下拉列表中选择"PC 上的音频"选项,在弹出的对话框中选择电脑磁盘中已有的音频文件;选择"录制音频"选项可以录制一段语音,录制完成后单击"确定"按钮,在幻灯片上自动放置小喇叭图标,单击播放键可以播放刚刚录制的声音,如图 4-35 所示。

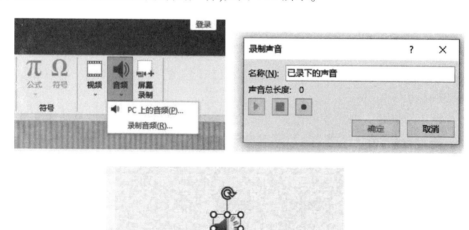

图 4-35 插入音频

2. 插入视频

插入视频和插入图片的方法类似,分为"从本机"和"联机视频"两种途径,可参照插入图片的方法和步骤。

4.3　演示文稿的动画设计与展示

演示文稿的动画设计就是为幻灯片中的各个对象设置动画效果,一份好的演示文稿不光需要整齐的格式、精彩的文案和优美的配图,有时一个动画也能够很大程度地提升演示文稿的效果。当需要控制动画的各种效果时,比如,设置动画的声音和定时功能、调整对象的进入和退出方式、设置对象的动画显示路径等,就需要使用自定义动画功能。

1. 添加动画

PowerPoint 2016 中有以下四种不同类型的动画效果:

(1)"进入"效果。这些效果包括让对象逐渐淡入焦点、从边缘飞入或者跳入幻灯片视图中。

(2)"退出"效果。这些效果包括让对象飞出幻灯片、从视图中消失或从幻灯片旋出。

(3)"强调"效果。这些效果包括让对象缩小或放大、更改颜色或沿着其中心旋转。

(4)"动作路径"效果。这些效果包括让对象上下移动、左右移动或者沿着星形或圆形图案移动。

除了默认显示的几种常见动画效果外,还可以选择更多的动画方式,如图 4-36 所示。

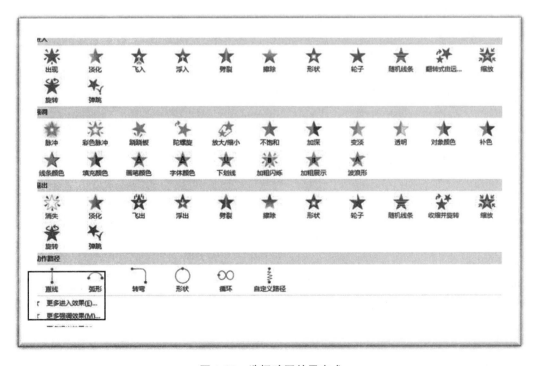

图 4-36　选择动画效果方式

以上四种动画效果,可以单独使用其中一种,也可以将多种效果组合在一起。例如,可以对一行文本采用"飞入"进入效果、"加粗闪烁"强调效果和"劈裂"退出效果;也可以对动画设置出现的顺序、开始时间、延时或者动画持续时间等。

2. 设置动画持续时间和开始方式

选中已设置动画的文本或图片对象,单击"动画"选项卡,在"计时"功能区中可设置"持续时间"和"延迟"选项;另外,单击"开始"选项右侧下拉箭头,可以选择"单击时""与上一动画同时""上一动画之后"来调整动画的开始方式,如图4-37所示。

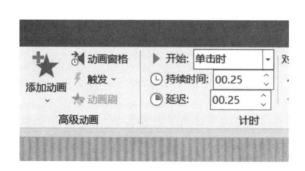

图 4-37　动画计时选项组

图 4-38　删除动画

3. 删除动画

单击"高级动画"功能区中的"动画窗格"选项,会在幻灯片编辑区右侧出现"动画窗格",当前幻灯片内所有对象的动画设置可以在这里编辑。

选中要删除的动画对象,"动画窗格"中的动画对象列表中显示被选中状态,通过鼠标右键单击该项,或单击所选对象右侧的下三角按钮,会有关于该对象动画的具体设置,与选项组面板的功能一样。单击"删除"命令,即可删除该对象的动画效果,也可以按【Delete】键直接删除选中的动画对象,如图4-38所示。

4. 设置幻灯片的切换方式

在演示文稿播放过程中,幻灯片的切换方式是指演示文稿播放过程中幻灯片进入和退出屏幕时产生的视觉效果,也就是让幻灯片以动画方式放映的特殊效果。PowerPoint提供了多种切换效果,比如出现、棋盘、随机水平线等。在演示文稿制作过程中,可以为一张幻灯片设计切换效果,也可以为一组幻灯片设计相同的切换效果。具体操作步骤如下:

选定第一张幻灯片,选择"切换"选项卡,在"切换到此幻灯片"功能区中单击右侧下拉三角按钮,弹出下拉菜单,如图4-39所示。在展开的菜单中包含三类切换方式,分别是"细微"、"华丽"和"动态内容",可以根据实际情况选择合适的切换方式。如选中"动态内容"类中的"旋转"切换方式,单击"效果选项"按钮,在展开的菜单中选择"自底部",如图4-40所示。如果希望每张幻灯片采用不同的切换方式,请选择其他幻灯片设置不同的切换方式;单击"应用到全部"按钮,则可以将切换效果应用到所有幻灯片上。

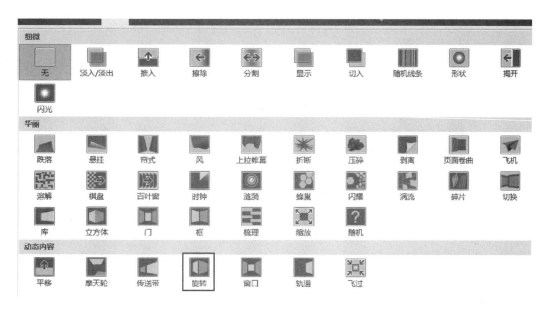

图 4-39　切换方式选项

5. 设置切换音效及换片方式

选中幻灯片,单击"切换"选项卡,在"计时"功能区中可以设置"声音""换片方式"等选项,如图 4-41 所示。单击"声音"下拉三角按钮,有多种音效可以选择,设置完成后可以单击"应用到全部"按钮,所有的幻灯片都被设置为相同的音效。

图 4-40　效果选项

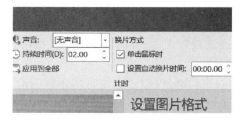

图 4-41　音效和换片方式选项

 4.4　演示文稿的放映与打印

4.4.1　演示文稿的放映

演示文稿制作完成后,需设置合适的放映方式。根据实际使用场合,添加一些对应的播放效果,并控制好放映时间,才能达到满意的放映效果。操作步骤如下:

（1）选择"幻灯片放映"选项卡,在"设置"功能区单击"设置幻灯片放映"按钮,弹出"设置放映方式"对话框,如图 4-42 所示。

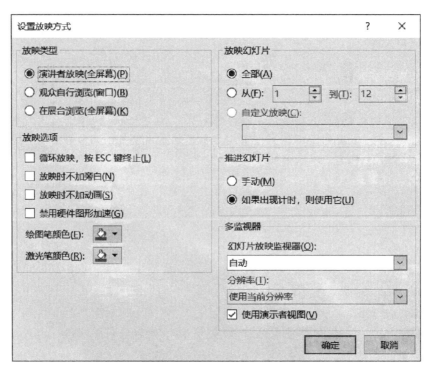

图 4-42　幻灯片放映方式设置

（2）在"设置放映方式"对话框中可以对如下选项进行设置:

① 在"放映类型"选项区中进行设置。

• 演讲者放映(全屏幕):这是一种默认放映方式,由演讲者控制放映,可采用自动或人工方式进行放映,并且可全屏幕放映。需要将幻灯片放映投射到大屏幕上时,通常使用此方式。在这种方式下,可以暂停演示文稿的播放,可在放映过程中录制旁白,还可以投影到大屏幕放映。

• 观众自行浏览(窗口):可进行小规模的演示,演示文稿出现在窗口内,可以使用滚动条从一张幻灯片移到另一张幻灯片,并可在放映时编辑、复制和打印幻灯片。

• 在展台浏览(全屏幕):可自动运行演示文稿。在放映过程中,除了使用鼠标外,大多数控制都失效。

② 在"放映选项"选项区进行设置。

• 勾选"循环放映,按 ESC 键终止"复选框:幻灯片循环播放不停止,直至按【ESC】键才能终止。

• 勾选"放映时不加旁白"复选框:可以忽略旁白。

• 勾选"放映时不加动画"复选框:在放映幻灯片时,原先设定的动画效果不起作用,但动画效果的设置参数依然有效。可以在最下面两个下拉框中设置绘图笔和激光笔的颜色。

③ 在"放映幻灯片"选项区进行设置。

- ● "全部"：播放所有幻灯片。
- ● "从……到……"：可播放指定的位置连续的幻灯片。
- ● "自定义放映"：可播放预先建立的"自定义放映"方案中选定的幻灯片。
- ④ 在"换片方式"选项区进行设置。
- ● "手动"：在幻灯片放映时必须人为干预才能切换幻灯片。
- ● "如果出现计时，则使用它"：指预先做过"排练计时"并保存了各张幻灯片的放映时间，或在"切换"选项卡勾选设置自动换片时间，可以设置相应的延时，幻灯片播放时可以按设置的时间进行自动切换。

4.4.2 幻灯片的放映

单击"幻灯片放映"选项卡，在"开始放映幻灯片"功能区中单击"从头开始"或"从当前幻灯片开始"按钮，如图 4-43 所示。【F5】是"从头开始"选项的快捷键，【Shift】+【F5】组合键是"从当前幻灯片开始"选项的快捷键。

图 4-43 幻灯片放映

用户可以在演示文稿中选择部分幻灯片来安排它们的放映顺序，单击"自定义幻灯片放映"按钮，弹出"自定义放映"对话框，单击"新建"按钮，打开"定义自定义放映"对话框，用户在此对话框中首先勾选所需的幻灯片，再单击"添加"按钮，最后单击"确定"按钮，如图 4-44 所示。

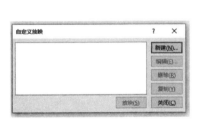
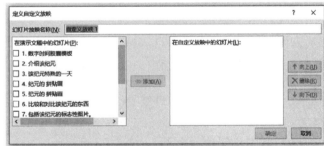

图 4-44 自定义放映设置

4.4.3 演示文稿的打印

当演示文稿作为培训材料、学习资料、演讲稿件时，往往需要将其打印出来，演示文稿的打印类似于 Word 文档的打印。单击"文件"选项卡中的"打印"选项，可进行打印的详细设置，如图 4-45 所示。

若需要在一张纸上打印多页幻灯片,可以单击"整页幻灯片"中的下拉按钮,在列表中选择"4张水平放置的幻灯片"或"6张水平放置的幻灯片",以及更多选项,如图4-46所示。

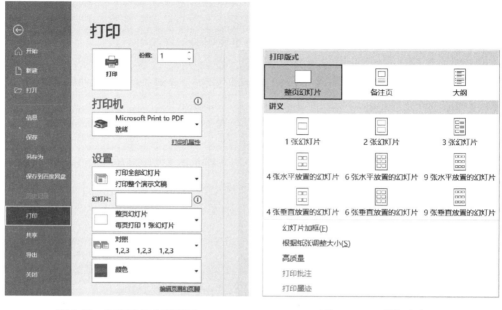

图4-45　打印演示文稿界面　　　　　　图4-46　设置打印版式

若需要打印演示文稿的部分幻灯片,可以单击"打印全部幻灯片"中的下拉按钮,在列表中选择"自定义范围"选项,再输入页码范围,如"3-5",表示打印第3页到第5页幻灯片,如图4-47所示。

图4-47　设置打印范围

 ## 4.5　实验操作——个人简历演示文稿设计

【项目资料】

毕业生高云准备到一家公司应聘,公司要求应聘者面试时先要进行自我介绍。高云咨询了一些求职成功的同学,大家建议他制作一份 PowerPoint 演示文稿进行个人介绍。高云设计制作了一份生动的个人简介演示文稿,效果如图 4-48 所示。

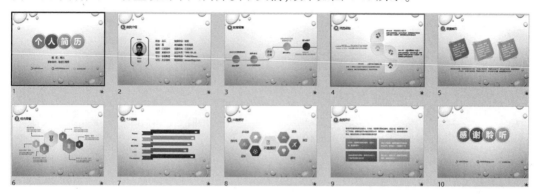

图 4-48　个人简历效果图

【项目要求】

(1) 新建一个以"水滴"为模板主题的演示文稿,然后以"个人简历_高云.pptx"为名保存在相关位置。

(2) 第 1 张幻灯片为封面,设计风格为简约风格。

(3) 第 2 张幻灯片为个人介绍,包含个人基本信息。

(4) 第 3 张幻灯片为教育背景,以时间为轴线介绍求学之路。

(5) 第 4 张幻灯片为项目经验,介绍以往所参加的项目活动。

(6) 第 5~9 张幻灯片分别为语言能力、校内荣誉、个人技能、兴趣爱好和自我评价。

(7) 第 10 张幻灯片为致谢页。

【具体操作】

以下主要介绍第 1 张和第 2 张幻灯片的设计和制作过程,其他页面同学可自行设计制作。

操作步骤如下:

(1) 打开 PowerPoint 2016 新建空白演示文档,单击"设计"选项卡,选择"水滴"主题,单击"开始"选项卡,选择"新建幻灯片"选项,单击空白版式新增 10 张幻灯片,如图 4-49 所示。

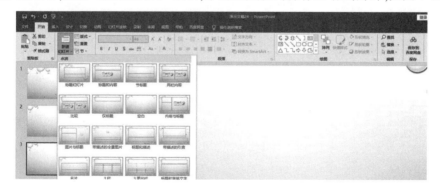

图 4-49　新建幻灯片

(2) 在第 1 张空白幻灯片中插入 2 个圆形形状,分别对它们进行设置,再输入汉字"个"并设置字体和字号,如图 4-50 所示。

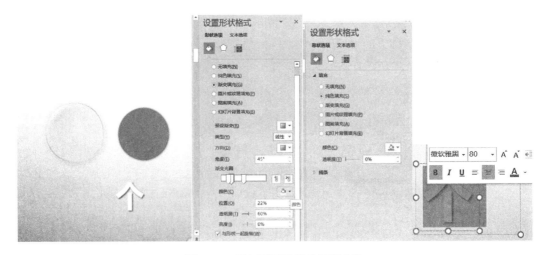

图 4-50　插入圆形形状并设置参数

（3）把 3 个元素叠在一起组合成一个整体，同时复制 3 个这样的整体，组成"个人简历"，另外在页面下端输入联系方式文字，最终效果如图 4-51 所示。

图 4-51　幻灯片封面页

（4）在第 2 张幻灯片中插入个人图片，选择比较清晰的头像照片，再单击"插入"选项卡，选择"圆形"和"大括号"两个形状图形，在"设置形状格式"对话框中精确设置大小尺寸，设置圆形的填充颜色为湖蓝色，如图 4-52 所示。

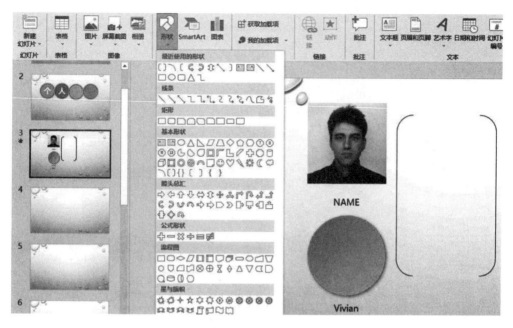

图 4-52　插入图片和形状图形

（5）第 2 张幻灯片的头像图片是正方形的，为了提高视觉效果，可以把它裁剪成圆形，单击图片，选择"图形样式"功能区，单击"裁剪"选项下拉三角按钮，在下拉框中单击"裁剪为形状"侧拉按钮，再在左侧框中选择圆形图形，即把图片设置为圆形，如图 4-53 所示。把这三个元素组合在一起，再添加文本框输入个人信息，如图 4-54 所示。

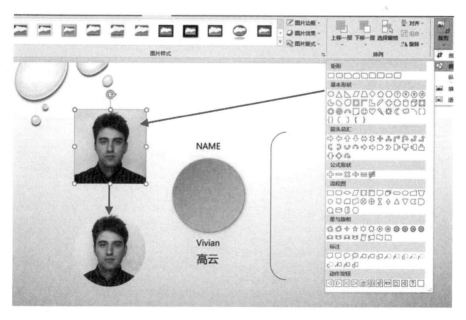

图 4-53　图片裁剪图

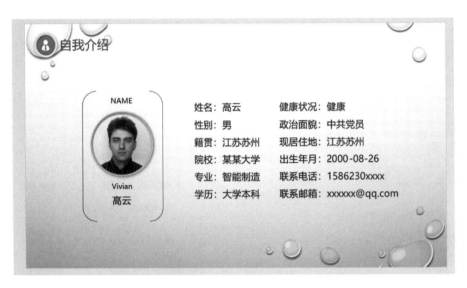

图 4-54　第 2 张幻灯片

第 5 章　Python 基础

5.1　Python 概述

　　Python 语言的作者是荷兰人吉多·范·罗苏姆（Guido van Rossum）。1982 年,吉多从阿姆斯特丹大学（University of Amsterdam）获得了数学和计算机硕士学位,但用他的话说,尽管拥有数学和计算机双料资质,他总趋向于做计算机相关的工作,并热衷于做任何和编程相关的事。

　　1989 年圣诞节期间,吉多为了打发圣诞节的无趣,决定开发一个新的脚本解释程序,作为 ABC 语言的一种继承。他把 Python（大蟒蛇）作为该编程语言的名字,它取自于英国 20 世纪 70 年代首播的电视喜剧《蒙提·派森的飞行马戏团》（Monty Python's Flying Circus）,如图 5-1 所示是 Python 语言的标志。

　　ABC 是由吉多参与设计的一种教学语言,就吉多本人看来,ABC 这种语言非常优美和强大,是专门为非专业程序员设计的。但 ABC 语言并没有获得成功,究其原因,吉多认为是其非开放性造成的。吉多决心在 Python 中避免这一错误。同时,他还想实现在 ABC 中闪现过但未曾实现的东西。

图 5-1　Python 语言的标志

　　2008 年 12 月,Python 发布了 3.0 版本（也常被称为 Python 3000,或简称 Py3k）。Python 3.0 是一次重大升级,且 Python 3.0 没有考虑与 Python 2.x 的兼容。现在,绝大部分开发者已经从 Python 2.x 转移到 Python 3.x,但有些早期的 Python 程序可能依然使用了 Python 2.x 语法。

　　Python 是一种面向对象、解释型、弱类型的脚本语言,天生具有跨平台的特征,它也是一种功能强大而完善的通用型语言,其特色是清晰的语法和丰富强大的扩展类库。相比其他编程语言,Python 代码非常简单,上手也非常容易。

　　Python 应用场景:

　　（1）Web 应用开发:Python 定义了 WSGI 标准应用接口来协调 HTTP 服务器与基于 Python 的 Web 程序之间的通信。常见的 Web 框架,如 Django、Flask 等,可以让程序员轻松地开发和管理复杂的 Web 程序。

　　（2）运维自动化管理:它是服务器等操作系统管理、服务器运维的自动化脚本。大多数 Linux 发行版以及 NetBSD、OpenBSD 和 MacOSX 都集成了 Python,可以在终端下直接运行 Python。Python 标准库包含了多个调用操作系统功能的库。一般来说,Python 编写的系统管理脚本在可读性、性能、代码重用度、扩展性等多个方面都优于普通的 Shell 脚本。

(3) 科学计算与分析:Python 提供的 NumPy、SciPy、Matplotlib 可以让 Python 程序员编写科学计算程序。在大量数据的基础上,结合科学计算、机器学习等技术,对数据进行清洗、去重、规格化和针对性的分析是大数据行业的基石。Python 是数据分析的主流语言之一。

(4) 网络软件:Python 对于各种网络协议的支持很完善,因此经常被用于编写服务器软件、网络爬虫。网络爬虫也被称为网络蜘蛛,是大数据行业获取数据的核心工具。能够编写网络爬虫的编程语言有不少,但 Python 绝对是其中的主流之一。

(5) 游戏开发:很多游戏使用 C++编写图形显示等高性能模块,而使用 Python 或者 Lua 编写游戏的逻辑、服务器。相较于 Python,Lua 的功能更简单、体积更小;而 Python 则支持更多的特性和数据类型。

(6) 构思实现:YouTube、Google、Yahoo!、NASA 都在内部大量地使用 Python,用于产品早期原型的设计开发和迭代。

(7) 人工智能:Python 在人工智能大范畴领域内的机器学习、神经网络、深度学习等方面都是主流的编程语言,得到了广泛的支持和应用。

5.1.1　Python 下载安装

Python 是跨平台的,可以运行在 Windows、Mac 和各种 Linux/UNIX 系统上。所谓跨平台,就是指在 Windows 上编写的 Python 程序,放到 Linux 上也是能够运行的。

Python 可以直接从 python.org 下载,如果使用的是 Windows 10 操作系统,建议下载 Windows Install(64 位),如图 5-2 所示。

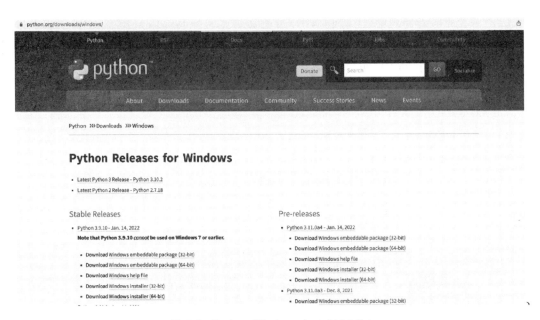

图 5-2　Python Windows Install(64 位)

Python 安装完成后,就得到 Python 解释器(就是负责运行 Python 程序的),一个命令行交互环境。

右键点击"开始"按钮,打开 Windows 10 的右键菜单,选择其中的 Windows PowerShell (I)或者 Windows PowerShell(管理员),然后就会出现一个命令行窗口(或者成为终端)。

在终端中输入 Python,就进入命令行交互环境,输入程序语句 print("hello,world"),回车后就会直接运行这行代码,显示提示信息。如果要退出交互环境,需要输入 exit( )即可,如图 5-3 所示。

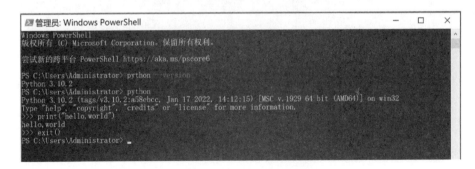

图 5-3　命令行交互环境

5.1.2　Python 编程环境

在 Python 的交互式命令行写程序,好处是一下就能得到结果,坏处是没法保存,下次还想运行的时候,还得再输一遍。

所以,实际开发的时候,我们总是使用一个文本编辑器来写代码,写完了保存为一个文件,这样,程序就可以反复运行了。

现在,我们就把上次的"hello,world"程序用文本编辑器写出来,保存下来。

如果是单纯的文本编辑器,Windows 下可以使用 Editplus;如果还需要调试功能,那么我们就可以使用 Visual Studio Code,它不是那个大块头的 Visual Studio,它是一个精简版的迷你 Visual Studio。

请注意,不要用 Word 和 Windows 自带的记事本。Word 保存的不是纯文本文件,而记事本会自作聪明地在文件开始的地方加上几个特殊字符(UTF-8 BOM),结果会导致程序运行出现莫名其妙的错误。

Visual Studio Code(简称"VSCode")运行于 Mac OS X、Windows 和 Linux 之上。它具有对 JavaScript、TypeScript 和 Node.js 的内置支持,并具有丰富的其他语言(例如,C++、C#、Java、Python、PHP、Go)和运行时(例如,NET 和 Unity)扩展的生态系统。

访问网址 https://code.visualstudio.com/,下载 VSCode 安装包,按照提示一步一步安装即可,如图 5-4 所示。

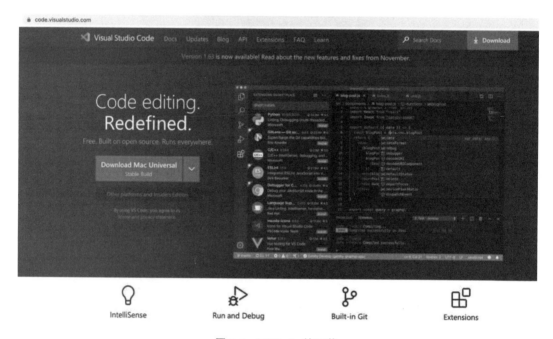

图 5-4　VSCode 的下载

VSCode 编辑器是一款集成了所有现代编辑器所应该具备的特性,包括语法高亮、可定制的热键绑定、括号匹配以及代码片段收集。

在 Windows 的文档文件夹下新建一个源代码存放的子文件夹 PythonSource,然后打开 VSCode 软件,选择刚建立的那个子文件夹,如图 5-5 所示。

图 5-5 VSCode 打开指定文件夹 PythonSource

接下来要为 VSCode 安装一个 Python 插件，这样就可以方便 Python 程序的调试，如图 5-6 所示。

图 5-6 VSCode 的 Python 插件

最后，新建一个 ex01.py 文件，输入三个 print 语句，运行调试（"运行"→"启动调试"），如图 5-7 所示。

图 5-7　Python 程序输入与运行调试

 ## 5.2　Python 语言基础

5.2.1　基本语法

默认情况下,Python 3 源码文件以 UTF-8 编码,所有字符串都是 unicode 字符串。

所有数据类型都是对象,Python 创建一个数据类型不需要定义和提前声明,当一个变量赋值后就创建了它。

从某种意义上说,Python 的面向对象是非常纯粹的,因为一切皆对象,包括数字、字符串和函数。

标识符:第一个字符必须是字母表中字母或下划线_,其他的部分由字母、数字和下划线组成,标识符对大小写敏感。

在 Python 3 中,可以用中文作为变量名,非 ASCII 标识符也是允许的。

　　保留字即关键字,我们不能把它们用作任何标识符名称。Python 的标准库提供了一个 keyword 模块,可以输出当前版本的所有关键字:

```
>>> import keyword
>>> keyword.kwlist
```

['False', 'None', 'True', 'and', 'as', 'assert', 'break', 'class', 'continue', 'def', 'del', 'elif', 'else', 'except', 'finally', 'for', 'from', 'global', 'if', 'import', 'in', 'is', 'lambda', 'nonlocal', 'not', 'or', 'pass', 'raise', 'return', 'try', 'while', 'with', 'yield']

　　注释:Python 中单行注释以 # 开头,多行注释可以用多个 # 号,还有''' 和 """。

　　Python 最具特色的就是使用缩进来表示代码块,不需要使用大括号 {} 。缩进的空格数是可变的,但是同一个代码块的语句必须包含相同的缩进空格数。

　　一般约定俗成使用 4 个空格为一个缩进符,所以建议大家将 TAB 设置为 4 个空格,而不是缩进符,也不需要分号结尾。

```
if True:
    print ("Answer")
    print ("True")
else:
    print ("Answer")
  print ("False")       # 缩进不一致,会导致运行错误
```

　　以上 test.py 程序由于缩进不一致,执行后会出现以下类似的错误:

```
File "test.py", line 6
    print ("False")        # 缩进不一致,会导致运行错误
IndentationError:unindent does not match any outer indentation level
```

　　多行语句:Python 通常是一行写完一条语句,但如果语句很长,我们可以使用反斜杠 "\" 来实现多行语句。例如:

```
total = item_one + \
        item_two + \
        item_three
```

　　在 [ ]、{} 或 ( ) 中的多行语句,不需要使用反斜杠 "\",例如:

```
total = ['item_one', 'item_two', 'item_three',
         'item_four', 'item_five']
```

　　数字(Number)类型:整数、布尔型、浮点数和复数。

　　int(整数),如 1,只有一种整数类型 int,表示为长整型,没有 Python 2 中的 Long。

　　bool(布尔),如 True。

float(浮点数),如 1.23、3E-2。

complex(复数),如 1+2j、1.1+2.2j。

字符串(String):Python 中单引号"'"和双引号"""使用完全相同。

使用三引号('''或""")可以指定一个多行字符串。

转义符\反斜杠可以用来转义,使用 r(raw)可以让反斜杠不发生转义。如 r"this is a line with \n" 则\n 会显示,并不是换行。

按字面意义级联字符串,如"this""is""string"会被自动转换为 this is string。

字符串可以用"+"运算符连接在一起,用" * "运算符重复。

Python 中的字符串有两种索引方式,从左往右以 0 开始,从右往左以-1 开始。

Python 中的字符串不能改变,且没有单独的字符类型,一个字符就是长度为 1 的字符串。

字符串可以使用某些规范(这里的规范,类似于标签),然后可以调用 format 方法,用 format 方法的相关参数替换这些规范。

```
age = 50
name = 'zfchen'
course = "python"

print('{0} is {1} years old now'.format(name, age))
print('Why are you studying {0}?'.format(course))
```

输出结果如下:

zfchen is 50 years old now

Why are you studying python?

注意:我们也可以使用字符串连接实现相同的效果。

name + ' is ' + str(age) + ' years old'

字符串截取的语法格式如下:

变量[头下标:尾下标:步长]

输出语句 print,用于在屏幕输出内容。其默认是换行的,如果要实现不换行,需要在该语句尾部添加 end=''。

```
str='Welcome to Suzhou'
print(str)                   #输出字符串
print(str[0:-1])             #输出第一个到倒数第二个的所有字符
print(str[0],end='\t')       #输出第一个字符,后面一个 tab
print(str[2:5])              #输出从第三个开始到第五个的字符
print(str[2:])               #输出从第三个开始后的所有字符
print(str[1:5:2])            #输出从第二个开始到第五个且每隔一个的字符(步长为 2)
```

```
print( str * 2)                    #输出字符串两次
print( str + '你好')               #连接字符串
print( '----------------------------')
print( 'hello\nzfchen')            #使用反斜杠(\)+n 转义特殊字符
print( r'hello\nzfchen')           #前面添加 r,表示原始字符串,不转义
```

输出结果如下:

Welcome to Suzhou

Welcome to Suzho

W   lco

lcome to Suzhou

ec

Welcome to SuzhouWelcome to Suzhou

Welcome to Suzhou 你好

----

hello

zfchen

hello\nzfchen

函数之间或类的方法之间用空行分隔,表示一段新的代码的开始。类和函数入口之间也用一个空行分隔,以突出函数入口的开始。

空行与代码缩进不同,空行并不是 Python 语法的一部分。书写时不插入空行,Python 解释器运行也不会出错。但是空行的作用在于分隔两段不同功能或含义的代码,便于日后代码的维护或重构。

注意:空行也是程序代码的一部分。

执行下面的程序,在按回车键后就会等待用户输入:

input("\n\n 按下 enter 键后退出。")

以上代码中,\n\n 在结果输出前会输出两个新的空行。一旦用户按下【enter】键时,程序将退出。

Python 可以在同一行中使用多条语句,语句之间使用分号(;)分割。

多个语句构成代码组:缩进相同的一组语句构成一个代码块,称之为代码组。

像 if、while、def 和 class 这样的复合语句,首行以关键字开始,以冒号(:)结束,该行之后的一行或多行代码构成代码组。

将首行及后面的代码组称为一个子句(clause)。

如果想在其他程序中复用大量的函数时,可以使用模块。

编写模块的方式有很多,最简单的一种方式就是创建一个包含很多方法和变量并以 .py 为扩展名的文件。另一种方法就是用编写 Python 解释器的语言来编写模块。

在 Python 用 import 或者 from…import 来导入相应的模块

将整个模块(somemodule)导入,格式为:import somemodule。

从某个模块中导入某个函数,格式为:from somemodule import somefunction。

从某个模块中导入多个函数,格式为:from somemodule import firstfunc, secondfunc, thirdfunc。

将某个模块中的全部函数导入,格式为:from somemodule import *。

一个模块会被引入到一个程序来使用它的功能。这就是使用 Python 标准库的方法。

首先,要了解如何使用标准库模块,模块是如何工作的?

利用 import 引入 sys 模块,这基本上会告诉 Python,我们想使用这个模块。sys 模块包含着与 Python 解释器和它的环境(系统)有关的函数。

```python
import sys

print('The command line arguments are:')
for item in sys.argv:
    print(item)

print('\nThe PYTHONPATH is:')
for item in sys.path:
    print(item)
```

运行输出内容:

```
>>>>>>>> python ex00.py zfchen chen
The command line arguments are:
ex00.py
zfchen
chen

The PYTHONPATH is:
C:\Users\Administrator\Documents\pythonSource
C:\Python310\python310.zip
C:\Python310\DLLs
C:\Python310\lib
C:\Python310
C:\Python310\lib\site-packages
```

当 Python 执行 import sys 语句时,它会查找 sys 模块。在这种情况下,它是一个内置模块,因此 Python 知道在哪里找到它。

如果它不是一个编译模块(用 Python 编写的模块),那么 Python 解释器会在它的 sys.path 变量列出来的目录中寻找它。如果模块被找到,则运行该模块主体中的语句,这个模块就会被设为可供使用。

其次,我们还可以自己创建模块,并实现调用。

创建你自己的模块还是很容易的,这是因为每一个 Python 程序都是一个模块。你只需要保证这个程序以.py 作为扩展名就行了。

新建一个 mymodel.py,其内容如下:

```
defsay_hi( ) :
print('Hi, this is my firstmodule.')


__version __= '0.1'
```

请注意这个名字__version__的开头和结束都是双下划线。

如何在另一个 Python 程序中使用这个模块。需要记住的是,这个模块的位置有两种选择:调用导入它的程序所在的文件夹;sys.path 中所列出的文件夹下。

```
import mymodel

mymodel.say_hi( )
print('Version', mymodel.__version__)

for item in dir(mymodel) :
    print(item)
```

内置的 dir( )函数能以列表的形式返回某个对象定义的一系列标识符。如果这个对象是个模块,返回的列表中会包含模块内部所有的函数、类和变量。

运行输出内容:

```
>>>>>>>> python ex01.py
Hi, this is my first module.
Version 0.1
__builtins__
__cached__
__doc__
__file__
__loader__
__name__
__package__
__spec__
__version__
say_hi
```

5.2.2 程序入口

对于很多编程语言来说,程序都必须要有一个入口,比如 C、C++,以及完全面向对象的编程语言 Java、C#等。如果你接触过这些语言,对于程序入口这个概念应该很好理解,C 和 C++都需要有一个 main 函数来作为程序的入口,也就是程序的运行会从 main 函数开始。同样,Java 和 C#必须要有一个包含 main 方法的主类来作为程序入口。

而 Python 则不同,它属于脚本语言,不像编译型语言那样先将程序编译成二进制再运行,而是动态地逐行解释运行。也就是从脚本第一行开始运行,没有统一的入口。

一个 Python 源码文件除了可以被直接运行外,还可以作为模块(也就是库)被导入。不管是导入还是直接运行,最顶层的代码都会被运行(Python 用缩进来区分代码层次)。实际上,在导入的时候,有一部分代码是不希望被运行的。

举例说明,假设有一个 ex02.py 文件,内容如下:

```python
PI = 3.14
def main():
print("PI:", PI)


main()
```

在这个文件里定义了一些常量,以一个 main 函数来输出定义的常量,运行 main 函数就相当于对定义做一遍人工检查,然后直接执行该文件(python ex02.py),输出:

PI:3.14

创建一个 ex03.py 文件,用于计算圆的面积,该文件里边需要用到 ex02.py 文件中的 PI 变量,从 ex02.py 中把 PI 变量导入到 ex03.py 中,内容如下:

```python
from ex02 import PI

def calc_round_area(radius):
    return PI * (radius ** 2)

def main():
    print("round area:", calc_round_area(5))

main()
```

运行 ex03.py,输出结果:

PI:3.14

round area:78.5

可以看到,ex02 中的 main 函数也被运行了,实际上我们是不希望它被运行,提供

main 也只是为了对常量定义进行测试。这时，if __name__ == ′__main__′ 就派上了用场。把 ex02.py 改一下：

```
PI = 3.14
def main():
    print("PI:", PI)


if __name__ == "__main__":
    main()
```

然后运行 ex03.py，输出如下：

round area：78.5

再运行 ex02.py，输出如下：

PI：3.14

这才是正确的效果。

"if__name__ == ′__main__′" 就相当于是 Python 模拟的程序入口。Python 本身并没有规定这么写，这只是一种编码习惯。由于模块之间相互引用，不同模块可能都有这样的定义，而入口程序只能有一个。到底哪个入口程序被选中，这取决于__name__的值。

__name__是内置变量，用于表示当前模块的名字，同时还能反映一个包的结构。

对于"if__name__ == ′__main__′"，我们简单的理解就是：如果模块是被直接运行的，则代码块被运行；如果模块是被导入的，则代码块不被运行。

变量通常在函数的内部，全局变量和函数通常在模块的内部。那如何组织模块呢？

程序包就是一个装满模块的文件夹，如果它有一个特殊的__init__.py 文件，就告诉 Python 这个文件夹是特别的，因为它装着 Python 的模块。

5.2.3　控制语句

在迄今为止所看到的程序中，总有一系列的语句被 Python 以精确的、自上而下的顺序执行。如果想改变执行流程，就要通过控制语句实现。在 Python 中，有 if、for 和 while 三类控制语句。

1. if 语句

if 语句用于检查一个条件：如果条件是真的，执行一个语句块（称为 if-block），否则就执行另一个语句块（称为 else-block）。else 语句是可选的。

```
number = 23
guess = int(input('请输入你猜测的数 :'))


if guess == number:
    # 程序块的开始处
    print('你猜对啦,真棒!')
```

```
# 程序块的结尾处
elif guess<number：
    # 另一个程序块开始
    print('不对,你猜的数好像有点小啦')
    # 可以在程序块中做任何你想做的事情
else：
    print('不对,你猜的数好像太大啦')
    # 只有当猜测数大于给定数时,才会执行此处

print('游戏结束')
# 在 if 语句执行结束后,最后的这句语句总是会被执行
```

2. for 语句

for…in 语句是一种循环语句,它会迭代对象序列,即会遍历序列中的每个项。

```
for i in range(1, 5)：
print(i)
else：
print('The forloop is over')
```

3. while 语句

while 语句是另一种循环语句,可以重复执行一个语句块,只要条件为真。一个 while 语句就是所谓的循环语句的一个例子。一个 while 语句可以有一个可选的 else 从句。

```
number = 23
running = True

while running：
    guess = int(input('请输入你猜测的数 :'))

    if guess == number：
        print('你猜对啦,真棒!')
        # 这会让 while 循环停止
        running = False
    elif guess < number：
        print('不对,你猜的数好像有点小啦')
    else：
        print('不对,你猜的数好像太大啦')
```

```
    else：
        print('游戏结束')
        # 你可以在此处继续进行其他你想做的操作

    print('程序即将退出')
```

4. break 语句

break 语句是用来中断循环语句的,即直接停止循环语句的执行,就算循环条件没有变为 False 或者序列没有迭代到最后一项。

需要注意的是,如果中断了一个 for 循环或者一个 while 循环,任何相应循环的 else 语句块都不会被执行。

5. continue 语句

continue 语句用来告诉 Python 跳过当前循环语句块中的其余部分,然后继续执行循环的下一个迭代。

```
    while True：
        s = input('请你输入一点什么吧：')
        if s == 'quit'：
            print('退出循环')
            break
        if len(s) < 3：
            print('{}内容太少啦,继续'.format(s))
            continue
        print('{}内容很丰富'.format(s))
        # 其他操作...
```

5.2.4　面向对象

使用函数、模块来操作数据,这叫作面向过程编程模式。然而还有另外一种方式来组织程序:把数据和函数结合起来,并将其置入一种叫作对象的东西,这就叫作面向对象编程模式。

在大多数情况下,可以使用面向过程的编程技术,但是当写大型程序或者遇到了一些更加适合这种方法的时候,则可以使用面向对象的编程技术。

类和对象是面向对象编程的两个主要概念。一个类创造了一种新的类型,而对象就是类的实例。

对象能够使用原始变量(属于对象)存储数据,属于对象或者类的变量被称作域;一个对象可以通过使用属于类的函数实现一定的功能;这些函数被称作类的方法。

总的来说,域和方法可以被看作类的属性。

域有两种类型,它们可以属于每一个类的实例(也就是对象),也可以属于类本身。它们被分别称作实例变量和类的变量。

方法与普通的函数相比只有一个区别,它们在入口参数表的开头必须有一个额外的形式参数,但当你调用这个方法时,你不会为这个参数赋予任何一个值,Python 会提供给它。这个特别的参数指向对象本身,约定它的名字叫作 self。

类的创建使用 class 关键字,域和方法被列在同一个代码块中。

```
class Person:
    def __init__(self, name):
        self.name = name

    def say_hi(self):
        print('Hello, my name is', self.name)

p = Person('zfchen')
p.say_hi()
# 上面两行也可以写成下面这种形式
# Person('zfchen').say_hi()
```

__init__ 方法将在类的对象被初始化(也就是创建)的时候自动调用。这个方法将按照你的想法初始化对象(通过给对象传递初始值)。

面向对象编程的主要优势之一就是代码的重用,一种获得代码重用的主要方式就是继承体系。继承可以被想象成为类之间的一种类型和子类型的关系的实现。

假设你想要写一个程序来跟踪一所大学中的老师和同学。他们有一些共同的特征,比如名字、年龄、地址等。他们还有一些独有的特征,比如对老师来说有薪水、课程、离开等,对学生来说有成绩和学费。

你当然可以为这两种类型构建两种独立的类来驱动程序。但是当需要添加一个共同的属性时,意味着需要在这两个独立的类中同时添加。

一个更好的办法就是构造一个共同的类 SchoolMember,然后让老师和学生分别继承这个类。换句话说,它们都是这个类型(类)的子类型,之后也可以为这些子类型添加独有的属性。

这种方式有许多的好处。如果想要添加或者改变 SchoolMember 类中的功能,这些功能也会自动地反映在子类型之中。举个例子,可以通过修改 SchoolMember 类的方式来为学生和老师添加新的 ID 卡的域。然而,一个子类型之中的变化不能够反映在其他子类型之中。另外一个好处就是可以使用一个 SchoolMember 对象来指向任意一个老师或者学生的对象,这将会在某些情况下非常有用,比如统计学校中人的总数。这被称作多态:如果有父类型的话,子类型可以在任何一种情况下被替代。也就是说,一个子类型的对象可以被当作父类型的实例。

此外,注意到重用了父类的代码,不需要在不同的类中重复这些代码,只要不使用独立的类的方式来实现就行。

　　SchoolMember 类在这种情况下被称为基本类或者超类。而 Teacher 和 Student 类被称为派生类或者子类。

```python
class SchoolMember:
    '''代表了学校中的任何一个成员'''
    def __init__(self, name, age):
        self.name = name
        self.age = age
        print('(SchoolMember 初始化:{})'.format(self.name))

    def tell(self):
        '''告诉我细节'''
        print('姓名:"{}" 年龄:"{}"'.format(self.name, self.age))

class Teacher(SchoolMember):
    '''表征一个老师'''
    def __init__(self, name, age, salary):
        SchoolMember.__init__(self, name, age)
        self.salary = salary
        print('(Teacher 初始化:{})'.format(self.name))

    def tell(self):
        SchoolMember.tell(self)
        print('工资:"{:d}"'.format(self.salary))

class Student(SchoolMember):
    '''表征一个学生'''
    def __init__(self, name, age, marks):
        SchoolMember.__init__(self, name, age)
        self.marks = marks
        print('(Student 初始化:{})'.format(self.name))
    def tell(self):
        SchoolMember.tell(self)
        print('分数:"{:d}"'.format(self.marks), end=" ")
t = Teacher('zfchen', 50, 9000)
s = Student('fychen', 23, 85)
# 输出一个空行
```

```
    print( )

    members = [ t, s ]
    for member in members：
        # 所有的老师和学生都可用
        member.tell( )
```

为了使用继承,在类名之后的括号中指明父类的类名。举个例子, class Teacher (SchoolMember)。之后可以看到在__init__方法中,通过 self 变量显式地调用了父类的 __init__方法来初始化子类对象中属于父类的部分。这非常重要,请记住——既然我们在 Teacher 和 Student 子类中定义了__init__方法,Python 不会自动地调用父类 SchoolMember 中的构造方法,必须显式地调用。

相反的,如果不定义子类的__init__方法,Python 将会自动地调用父类中的构造方法。

想把 Teacher 或者 Student 的实例当作 SchoolMember 的实例,并且想调用 tell 方法的时候,只需要简单地输入 Teacher.tell 或者 Student.tell 即可。在每个子类之中定义了另一个新的 tell 方法。

当调用 Teacher.tell 的时候,Python 将会使用子类中的 tell 方法,而非父类的。然而,如果没有在子类中定义 tell 方法,Python 将使用父类中的方法。Python 总是首先在实际的子类中寻找方法,如果不存在,将会按照子类声明语句中的顺序,依次在父类之中寻找(在这里虽只有一个父类,但是可以声明多个父类)。

5.3 Python 自动化办公

无论在工作、生活中,普通人在使用计算机时,很多情况下都会与 Office 打交道,而用得最多还是 Word、Excel、PPT。本节将介绍 Python 在自动化办公中的应用。

5.3.1 Word 自动化操作

Word 文档一般可结构化为三个部分:文档 Document、段落 Paragraph 和文字块 Run。也就是 Document—Paragraph—Run 三级结构,这是最普遍的情况。其中文字块 Run 是最难理解和划分的。

如图 5-8 所示是一个句子的一种划分形式,符号之中的短句是文字块。

图 5-8 文字划分

通常情况下可以这么理解,假如这个句子中有多种不同的样式,则会被划分成多个文字块。以图中的圈为例,给这个短句添加了一些细节条件,这个句子就分为了 4 个文字块。

　　同样地,有时候一个 Word 文档中是存在表格的,这时就会有新的文档结构产生。如图 5-9 所示,这时的结构划分非常类似于 Excel,可以看成 Document—Table—Row/Column—Cell 四级结构。

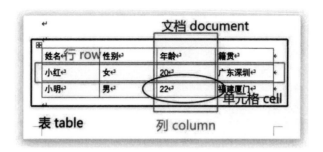

图 5-9　Word 文档中的表格划分

下面具体介绍操作过程。

1. 安装 python-docx

想要 Python 获得操作 docx 文档的能力,需先安装 docx 库。可以使用 pip 命令下载 python-docx 模块。

```
pip install python-docx
pip install -i https://pypi.tuna.tsinghua.edu.cn/simple python-docx
```

2. 新建 Word

从 docx 模块里导入 Document 便可以新建一个 Word 文档。

```
# 导入库
from docx import Document
from docx.shared import Inches, Pt, RGBColor
from docx.enum.text import WD_ALIGN_PARAGRAPH

# 新建空白文档
document = Document()

#下面具体的内容添加在此处

# 保存文件
document.save('demo.docx')
```

3. 设置标题

使用实例化对象的 add_heading 函数可以在 Word 里增加一个标题,函数里的两个参数分别为标题内容和标题等级。

```
# 新增文档标题
h = document.add_heading('数据结构实验报告', 0)
# 0 for left, 1 for center, 2 right, 3 justify …
h.alignment = 1
```

4. 设置章节段落

使用实例化对象的 add_heading 函数和 add_paragraph 函数可以分别在文档中插入标题和段落。

字体大小、类型、粗细、下划线和颜色都可以使用对应的参数来设置,设置前需要导入对应的模块。

```
p = document.add_paragraph('')
run = p.add_run('顺序表')
p.add_run('定义').bold = True
p.add_run('和存储结构')
p.add_run('实验分析').italic = True
font = run.font
# 设置字体大小
font.size = Pt(25)
font.color.rgb = RGBColor(0xff,0,0)
document.add_heading('顺序表的定义', level=1)
document.add_paragraph('''顺序表是指在计算机内存中\
以数组形式保存的线性表。线性表的顺序存储是指用一\
组地址连续的存储单元依次存储线性表中的各个元素、\
使得线性表中在逻辑结构上相邻的数据元素存储在相邻\
的物理存储单元中,即顺序表。''', style='Intense Quote')
```

5. 项目列表

对于项目列表,可以在添加段落的时候增加 style 参数('List Number'表示有序列表,'List Bullet'表示无序列表)。

```
document.add_paragraph(
    '特点之一:数组形式存储', style = 'List Bullet'
)
document.add_paragraph(
    '特点之二:逻辑结构相邻', style = 'List Bullet'
)
document.add_paragraph(
    '内存表示方式', style = 'List Number'
)
document.add_paragraph(
    '一种线性结构', style = 'List Number'
)
document.add_paragraph(
    '地址连续分配', style = 'List Number'
)
```

6. 图片

如果想插入图片,可以直接使用实例化对象的 add_picture 函数来实现,需要通过 Inches 模块来设置图片的大小。通过获取该图片所在的 paragraph,设置为居中。

```
document.add_picture('seqlist.png', width = Inches(3.25))
last_paragraph = document.paragraphs[-1]
last_paragraph.alignment = WD_ALIGN_PARAGRAPH.CENTER
```

7. 表格

使用实例化对象的 add_table 函数可以插入一个表头,通过添加表格样式,显示表格线和颜色。

```
records = (
    (1, '内存分配-数组', '确定线性表最大尺寸'),
    (2, '变量赋值-长度', '保存线性表内容大小'),
    (3, '增删改查-算法', '插入记录与删除记录')
)

table = document.add_table(rows = 1, cols = 3, style = "Medium Grid 1 Accent 1")
# table.style = 'Table Grid'
```

```
hdr_cells = table.rows[0].cells
hdr_cells[0].text = '序号'
hdr_cells[1].text = '标题'
hdr_cells[2].text = '内容'
for id, title, desc in records:
    row_cells = table.add_row().cells
    row_cells[0].text = str(id)
    row_cells[1].text = title
    row_cells[2].text = desc
document.add_page_break()  #分页符
```

8. 读取 Word

在实例化 Document 时写入已经存在的 Word 文件,表示打开该 Word 文件,再使用循环迭代可以将 Word 文档里的所有内容打印输出。

```
# 打开文档1
# doc1 = Document('demo.docx')
# 读取每段内容
# pl = [paragraph.text for paragraph in doc1.paragraphs]
pl = [paragraph.text for paragraph in document.paragraphs]


print('###### 输出 word 文章内容')
# 输出读取到的内容
for item in pl:
    print(item)


# 按行遍历表格
for table in document.tables:
    for row in table.rows:
        for cell in row.cells:
            print(cell.text)

# 按列遍历表格
for table in document.tables:
    for column in table.columns:
        for cell in column.cells:
            print(cell.text)
```

9. 生成的文档

经过以上的各个步骤,自动生成的 Word 文档内容如图 5-10 所示。

数据结构实验报告

顺序表 定义和存储结构 实验分析

顺序表的定义

顺序表是指在计算机内存中以数组形式保存的线性表。线性表的顺序存储是指用一组地址连续的存储单元依次存储线性表中的各个元素、使得线性表中在逻辑结构上相邻的数据元素存储在相邻的物理存储单元中,即顺序表。

- 特点之一:数组形式存储
- 特点之二:逻辑结构)相邻

1. 内存表示方式
2. 一种线性结构
3. 地址连续分配

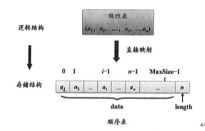

序号	标题	内容
1	内存分配-数组	确定线性表最大尺寸
2	变量赋值-长度	保存线性表内容大小
3	增删改查-算法	插入记录与删除记录

图 5-10 生成的 Word 文档内容

5.3.2 Excel 自动化操作

日常办公有时候会很枯燥,经常会简单且重复地操作 Excel 表格。那么有什么办法,可以使用 Python 高效操作 Excel 呢?

Excel 表格是一个三层结构,最高层是表格工作簿,第二层是工作表 Sheet,第三层是行、列和单元格,如图 5-11 所示。

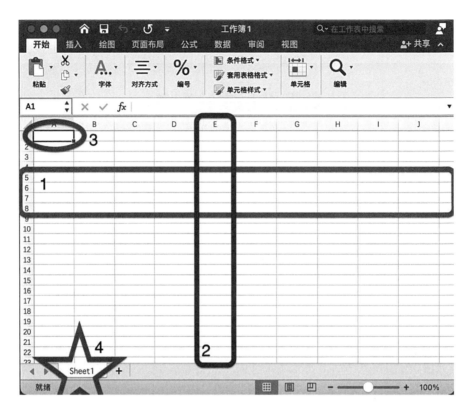

图 5-11　Excel 三层结构

图中框 1 选中的是该工作簿下的行(5~8),框 2 选中的是该工作簿下的列(E),整个页面是工作簿 1。椭圆 3 选中的是工作簿的单元格(A1);五角星 4 选中的是工作表(Sheet1)。

1. 安装 openpyxl

想要 Python 获得读写 Excel 文档的能力,需先安装 openpyxl 库。该库可以用于读取/写入 Excel 的 xlsx、xlsm、xltx、xltm 文件。

```
pip install openpyxl
```

2. 新建 Excel

从 openpyxl 模块里导入 Workbook,便可以新建一个 Excel 文档,最后保存到指定文件名的 Excel 中。

```
# 导入库
from openpyxl import Workbook

#新建 Excel 文档
wb = Workbook( )
#获得当前工作簿
```

```
ws = wb.active

#下面具体的内容添加在此处

#保存文档到 example.xlsx 中
wb.save('example.xlsx')
```

3. 单元格设置内容

使用实例化对象的 append 函数可以在 Excel 里增加一行数据,通过制定单元格,添加一个求和公式。运行程序后,打开 Excel 文档查看。

```
# 新增数据,因为是新建文件,则从 A1 开始
ws.append([1,3,5,7])
#在指定的 E1 单元格中添加一个求和公式
ws['E1']='=sum(A1:D1)'
```

注意:当运行 Python 程序出现提示"PermissionError:[Error 13]Permission denied:'example.xlsx'",说明该文档已经在 Excel 中打开,关闭该文件后,再次运行 Python 程序。

4. 访问单元格内容

使用实例化对象的 append 函数在 Excel 里再增加一行数据,通过使用切片访问单元格内容,也可以使用行或列范围来给多个单元格设置数据。其中 import random 用于导入随机数功能库。

```
#新增一行数据
ws.append([2,4,6,8])
#获得一行的切片
row = ws[2]
#逐条显示该行中的数据
for item in row:
    print(item.value)
#显示分割线
print('----------')
#获得多个列 B、C、D 的切片
cols = ws['B:D']
#逐列逐行显示单元格数据
for col in cols:
    for item in col:
```

```
            print(item.value)
#指定行3~10,列4~11 范围,设置单元格为30~60 之间的随机整数
for row in range(3,10):
    for col in range(4,11):
            ws.cell(row,col,random.randint(30,60))
```

5. 删除和插入行和列

通过引入 openpyxl 中的 worksheet 模块,使用 delete_cols(idx,amount)来删除 1 列或者多列,使用 delete_rows(idx,amout)来删除 1 行或者多行;使用 insert_cols(idx,amount)来插入 1 行或者多行空数据,使用 insert_rows(idx,amount)来插入 1 列或者多列空数据。当为 1 行或者 1 列时,amount=1 可以省略。

```
# 导入库
from openpyxl import Workbook
from openpyxl import worksheet
import random
#新建 Excel 文档
wb = Workbook()
#获得当前工作簿
ws = wb.active

# 新增一行数据,因为是新建文件,则从 A1 开始
ws.append([1,3,5,7])
#在指定的 E1 单元格中添加一个求和公式
ws['E1']='=sum(A1:D1)'

#新增一行数据
ws.append([2,4,6,8])
#获得一行
row = ws[2]
#逐条显示该行中的数据
for item in row:
print(item.value)
#显示分割线
print('---------')
#获得多个列 B、C、D
cols = ws['B:D']
```

```
#逐列逐行显示单元格数据
for col in cols：
    for item in col：
        print(item.value)
#指定行 3~10,列 4~11 范围,设置单元格为 30~60 之间的随机整数
for row in range(3,10)：
    for col in range(4,11)：
        ws.cell(row,col,random.randint(30,60))

#删除第 3 行数据
ws.delete_rows(3)
#从第 7 列 G 开始插入 2 列空数据
ws.insert_cols(7,2)

#保存文档到 example.xlsx 中
wb.save('example.xlsx')
```

程序运行后,打开 Excel 文档,里面的效果如图 5-12 所示。

图 5-12　删除和插入行和列的效果

6. 读取 Excel 及公式计算

上面已经生成了 Excel 文档,其中包含数据,下面在程序中打开指定的文件,从中读取内容并显示。

如果希望看到该单元格中显示公式的计算结果,而不是原来的公式,就必须将 load_workbook()的 data_only 关键字参数设置为 True。这意味着 workbook 对象要么显示公式,要么显示公式的结果,不能兼得(但是针对一个电子表格文件,可以加载多个 workbook 对象)。

```
from openpyxl import load_workbook
# 1.打开 Excel 表格并获取表格名称
workbook = load_workbook(filename="example.xlsx",data_only=True)
firstSheet = workbook.sheetnames[0]
# 2.打开当前工作簿
sheet = workbook[firstSheet]
print(sheet)
# 3.获取表格的尺寸大小(几行几列数据),这里所说的尺寸大小
# 指的是 Excel 表格中的数据有几行几列,针对不同的 Sheet
print(sheet.dimensions)
# 4.获取表格内某个格子的数据
# sheet["E1"]方式
cell1 = sheet["E1"] #该处为公式
cell2 = sheet["I6"]
print(cell1.value, cell2.value)
"""
workbook.active 打开激活的表格;
sheet["E1"] 获取 E1 格子的数据;
cell.value 获取格子中的值;
"""
# sheet.cell(row=, column=)方式
cell1 = sheet.cell(row=1,column=1)
cell2 = sheet.cell(row=5,column=11)
print(cell1.value, cell2.value)

#从 D4 开始,按行显示,一直到 K8 结束
for cell in sheet['D4:K8']:
    for item in cell:
        print(item.value,end="   ")
    print()
```

程序运行,显示如下内容:

```
<Worksheet "Sheet">
A1:L8
16 53
1 38
```

49	44	40	None	None	52	32	60
46	46	55	None	None	44	54	38
55	56	53	None	None	53	45	46
38	53	58	None	None	35	47	34
30	43	43	None	None	41	48	50

必须说明的是,当使用 data_only＝True 时,虽然能看到公式及显示的结果,除非你再次将 Excel 打开并保存一下,否则,公式是不会应用到 Excel 表格中。

5.3.3　PowerPoint 自动化操作

1. 安装 python-pptx

想要 Python 获得操作 PowerPoint 文档的能力,需先安装 pptx 库。使用 pip 命令即可下载 python-pptx 模块。

```
pip install python-pptx
pip install -i https://pypi.tuna.tsinghua.edu.cn/simple python-pptx
```

2. 创建 PPT

创建 PPT 只需要 3 步:导入库、实例化、保存。当然这样创建的 PPT 只是一张空白的 PPT。需要注意的是,当使用 Python 3.10 的时候,需要显式导入 collections 的两个库。

```
import collections #python 3.10
import collections.abc #python 3.10
from pptx import Presentation
prs = Presentation()
prs.save('work.pptx')
```

3. 选择模板

该模块提供了 10 个不同的 PPT 模板,新建模板的时候,在 slide_layouts[模板序列]中填上参数即可以更换模板样式。

```
import collections
import collections.abc
from pptx import Presentation
prs = Presentation()


for i in range(1,11):
```

```
# 设置模板 1-10
title_slide_layout = prs.slide_layouts[i]
try：
    # 新建一页幻灯片
    slide = prs.slides.add_slide(title_slide_layout)
    # 根据 placeholdes 索引获取一页幻灯片中的元素
    body_shape = slide.shapes.placeholders
    # body_shape 为本页 ppt 中所有 shapes
    body_shape[0].text = '信息技术课程教案{}'.format(i)
    body_shape[1].text = '...内容叙述...'
    #后面增加的内容放在此处-------

except：
    print(i)

prs.save('work.pptx')
```

在本程序中,使用 for 循环来迭代模板的序号新建幻灯片,添加到文档中,这样打开 work.pptx,即可查看所有模板的样式,如图 5-13 所示。

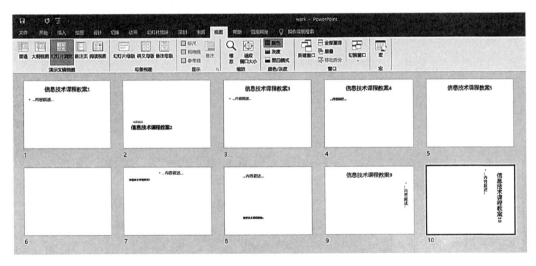

图 5-13　多种模板样式的 PPT 文档

4. 编辑幻灯片元素

PPT 里的文字可以自己设置,设置字体的内容、粗体、斜体、大小和下划线都可以通过代码设置来实现。

```
# 新增内容—添加新段落
new_paragraph = body_shape[1].text_frame.add_paragraph()
# 在第二个 shape 中的文本框中添加新段落
new_paragraph.text = '什么是人工智能?' #新段落中的文字
new_paragraph.font.bold = True # 文字加粗
new_paragraph.font.italic = True # 文字斜体

from pptx.util import Pt #设置文字大小必须引入 pptx.util 中的 Pt
new_paragraph.font.size = Pt(30) # 文字大小
new_paragraph.font.underline = True # 文字下划线
new_paragraph.level = 1 # 新段落的级别
```

5. 新增文本框和图片

　　文本框的加入需要先设置文本框位置元素,然后设置文本框的文字内容,最后使用 add_paragraph() 函数即可添加到 PPT 界面中。图片的设置方法需要先设置图片路径和图片位置,再通过 add_picture 函数将图片添加上去。

```
# 新增文本框
from pptx.util import Inches
left = top = width = height = Inches(3)
# 预设位置及大小
textbox = slide.shapes.add_textbox(left,top,width,height)
# left,top 为相对位置,width,height 为文本框大小
textbox.text = '新进展'
# 文本框中文字
new_para = textbox.text_frame.add_paragraph()
# 在新文本框中添加段落
new_para.text = '人类智能的研究还在进行~'

# 新增图片
img_path = 'tree01.jpg'
# 文件路径
left, top, width, height = Inches(3), Inches(4.5), Inches(2), Inches(2)
# 预设位置及大小
pic = slide.shapes.add_picture(img_path, left, top, width, height)
```

6. 新增形状 AutoShape

形状可以根据需要增加,具体的形状可以参考网页 https://docs.microsoft.com/zh-cn/ office/vba/api/Office.MsoAutoShapeType,对应的定义可以参考网页 https://python-pptx. readthedocs.io/en/latest/api/enum/MsoAutoShapeType.html。

```
#新增 AutoShape
from pptx.enum.shapes import MSO_SHAPE
l = Inches(0.93)    # 0.93″ centers this overall set of shapes
t = Inches(3.0)
w = Inches(1.75)
h = Inches(1.0)

shape=slide.shapes.add_shape(MSO_SHAPE.PENTAGON, l, t, w, h)
shape.text = 'Step 1'
l = l + w - Inches(0.4)
w = Inches(2.0)    # chevrons need more width for visual balance

for n in range(2, 6):
    shape = slide.shapes.add_shape(MSO_SHAPE.CHEVRON, l, t, w, h)
    shape.text = 'Step %d' % n
        l = l + w - Inches(0.4)
```

7. 打开 PPT,新增表格

打开上面完成的 PPT 文档,向里面指定的页面添加一个表格,同样设置位置信息、样式等,还有行数和列数的参数,最后通过 add_table 函数加入到 PPT 中。

```
import collections
import collections.abc
from pptx import Presentation
from pptx.util import Pt,Cm
from pptx.dml.color import RGBColor
from pptx.enum.text import MSO_ANCHOR
from pptx.enum.text import PP_ALIGN


# 设置需要添加到哪一页
n_page = 4

# 打开已存在的 ppt
```

```python
ppt = Presentation('work.pptx')

# 获取 slide 对象
slide = ppt.slides[n_page]

# 设置表格位置和大小
left, top, width, height = Cm(6), Cm(12), Cm(13.6), Cm(5)
# 表格行列数和大小
shape = slide.shapes.add_table(6, 7, left, top, width, height)
# 获取 table 对象
table = shape.table

# 设置列宽
table.columns[0].width = Cm(3)
table.columns[1].width = Cm(2.3)
table.columns[2].width = Cm(2.3)
table.columns[3].width = Cm(1.3)
table.columns[4].width = Cm(1.3)
table.columns[5].width = Cm(1.3)
table.columns[6].width = Cm(2.1)

# 设置行高
table.rows[0].height = Cm(1)

# 合并首行
table.cell(0, 0).merge(table.cell(0, 6))

# 填写标题
table.cell(1, 0).text = "时间"
table.cell(1, 1).text = "阶段"
table.cell(1, 2).text = "执行用例"
table.cell(1, 3).text = "新增问题"
table.cell(1, 4).text = "问题总数"
table.cell(1, 5).text = "遗留问题"
table.cell(1, 6).text = "遗留致命/" \ "严重问题"

# 填写变量内容
```

```python
table.cell(0, 0).text = "智能产品"
content_arr = [["4/30-5/14", "智能音响", "20", "12", "22", "25", "5"],
               ["5/15-5/21", "智能手表", "25", "32", "42", "30", "8"],
               ["5/22-6/28", "智能终端", "1", "27", "37", "56", "12"],
               ["5/22-6/28", "智能火锅", "1", "27", "37", "56", "12"]]

# 修改表格样式
for i in range(6):
    for j in range(7):
        # Write column titles
        if i == 0:
            # 设置文字大小
            table.cell(i,j).text_frame.paragraphs[0].font.size = Pt(15)
            # 设置字体
            table.cell(i,j).text_frame.paragraphs[0].font.name = '黑体'
            # 设置文字颜色
            table.cell(i,j).text_frame.paragraphs[0].font.color.rgb = RGBColor(255, 255, 255)
            # 设置文字左右对齐
            table.cell(i,j).text_frame.paragraphs[0].alignment = PP_ALIGN.CENTER
            # 设置文字上下对齐
            table.cell(i,j).vertical_anchor = MSO_ANCHOR.MIDDLE
            # 设置背景为填充
            table.cell(i,j).fill.solid()
            # 设置背景颜色
            table.cell(i,j).fill.fore_color.rgb = RGBColor(34, 134, 165)
        elif i == 1:
            table.cell(i,j).text_frame.paragraphs[0].font.size = Pt(10)
            table.cell(i,j).text_frame.paragraphs[0].font.name = '黑体'
            table.cell(i,j).text_frame.paragraphs[0].font.color.rgb = RGBColor(0, 0, 0)
            table.cell(i,j).text_frame.paragraphs[0].alignment = PP_ALIGN.CENTER
            table.cell(i,j).vertical_anchor = MSO_ANCHOR.MIDDLE
            table.cell(i,j).fill.solid()
            table.cell(i,j).fill.fore_color.rgb = RGBColor(204, 217, 225)
        else:
```

```
                    table.cell(i,j).text = content_arr[i - 2][j]
                    table.cell(i,j).text_frame.paragraphs[0].font.size = Pt(10)
                    table.cell(i,j).text_frame.paragraphs[0].font.name = '黑体'
                    table.cell(i,j).text_frame.paragraphs[0].font.color.rgb = RGBColor
(0, 0, 0)
                    table.cell(i,j).text_frame.paragraphs[0].alignment = PP_ALIGN.
CENTER
                    table.cell(i,j).vertical_anchor = MSO_ANCHOR.MIDDLE
                    table.cell(i,j).fill.solid()
                    table.cell(i,j).fill.fore_color.rgb = RGBColor(204, 217, 225)

    ppt.save('work.pptx')
```

程序运行后,效果如图 5-14 所示。

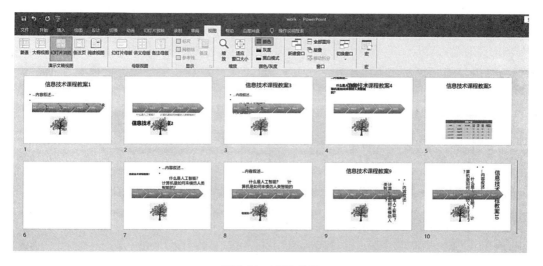

图 5-14　PPT 效果

参考文献

1. 芦静蓉,陆银梅,王栋栋.新编计算机基础教程与实验[M].北京:机械工业出版社,2021.

2. 张福炎,孙志挥.大学计算机信息技术教程[M].南京:南京大学出版社,2017.

3. 姜燕,海川,李占平.大学生计算机应用基础实训教程[M].长春:吉林大学出版社,2017.

4. 恒盛杰资讯.Word Excel PPT 高效办公三合一应用与技巧大全[M].北京:机械工业出版社,2016.

5. 曾爱林.计算机应用基础项目化教程[M].北京:高等教育出版社,2019.

附录: 全国计算机等级考试一级考试模拟卷

第1套

理论部分

选择题

1. 设任意一个十进制数为 D,转换成二进制数为 B。根据数制的概念,下列叙述正确的是(　　)。

A. 数字 B 的位数<数字 D 的位数　　　　B. 数字 B 的位数≤数字 D 的位数

C. 数字 B 的位数≥数字 D 的位数　　　　D. 数字 B 的位数>数字 D 的位数

2. 通常网络用户使用的电子邮箱是建在(　　)。

A. 用户的计算机上　　　　　　　　　　B. 发件人的计算机上

C. ISP 的邮件服务器上　　　　　　　　D. 收件人的计算机上

3. 下列软件属于系统软件的是(　　)。

A. C++编译程序　　　　　　　　　　　B. Excel 2016

C. 学霸管理系统　　　　　　　　　　　D. 财务管理系统

4. 区位码输入法的最大优点是(　　)。

A. 只用数码输入,方法简单,容易记忆　　B. 易记、易用

C. 一字一码,无重码　　　　　　　　　　D. 编码有规律,不易忘记

5. 存储一个 48×48 点的汉字字形码需要的字节数是(　　)。

A. 384　　　　　　B. 144　　　　　　C. 256　　　　　　D. 288

6. 计算机指令由两部分组成,它们是(　　)。

A. 运算符和运算数　　　　　　　　　　B. 操作数和结果

C. 操作码和操作数　　　　　　　　　　D. 数据和字符

7. 无符号二进制数 1001001 转换成十进制数是(　　)。

A. 72　　　　　　B. 71　　　　　　C. 75　　　　　　D. 73

8. 微机的参数"P4 2.4G/256M/80G"中的 2.4G 表示(　　)。

A. CPU 的运算速度为 2.4GIPS

B. CPU 为 Pentium 4 的 2.4 代

C. CPU 的时钟主频为 2.4GHz

D. CPU 与内存间的数据交换速率是 2.4Gbps

9. 用户名为 XUEJY 的正确的电子邮件地址是( )。

 A. XUEJY@ bj163.com

 B. XUEJYbj163.com

 C. XUEJY#bj163.com

 D. XUEJY@ bj163.com

10. 下列关于 USB 的叙述错误的是( )。

 A. USB 接口的外表尺寸比并行接口大得多

 B. USB 2.0 的数据传输率大大高于 USB 1.1

 C. USB 具有热插拔与即插即用的功能

 D. 在 Windows 10 下,使用 USB 接口连接的外部设备(如移动硬盘、U 盘等)不需要驱动程序

11. 下列关于随机存取存储器(RAM)的叙述,正确的是( )。

 A. 存储在 SRAM 或 DRAM 中的数据在断电后将全部丢失且无法恢复

 B. SRAM 的集成度比 DRAM 高

 C. DRAM 的存取速度比 SRAM 快

 D. DRAM 常用来做 Cache 用

12. 显示器的主要技术指标之一是( )。

 A. 分辨率　　　　 B. 扫描频率　　　　 C. 重量　　　　 D. 耗电量

13. 十进制数 32 转换成无符号二进制整数是( )。

 A. 100000　　　 B. 100100　　　 C. 100010　　　 D. 101000

14. 一个完整的计算机系统就是指( )。

 A. 主机、键盘、鼠标器和显示器　　　 B. 硬件系统和操作系统

 C. 主机和它的外部设备　　　　　　　 D. 软件系统和硬件系统

15. 硬盘属于( )。

 A. 内部存储器　　 B. 外部存储器　　 C. 只读存储器　　 D. 输出设备

16. 当计算机病毒发作时,造成的主要破坏是( )。

 A. 对磁盘片的物理损坏

 B. 对磁盘驱动器的破坏

 C. 对 CPU 的损坏

 D. 对存储在硬盘上的程序、数据甚至系统的破坏

17. 世界上第一台计算机是 1946 年美国研制成功的,该计算机的英文缩写为( )。

 A. MARK-Ⅱ　　 B. ENIAC　　　 C. EDSAC　　　 D. EDVAC

18. 操作系统将 CPU 的时间资源划分成极短的时间片,轮流分配给各终端用户,使终端用户有独享计算机 CPU 时间的感觉,这种操作系统称为( )。

 A. 实时操作系统　　　　　　　 B. 批处理操作系统

 C. 分时操作系统　　　　　　　 D. 分布式操作系统

19. 一个字符的标准 ASCII 码的长度是( )。

 A. 7bit　　　　　 B. 8bit　　　　　 C. 16bit　　　　 D. 6bit

20. 计算机技术中,下列英文缩写和中文名字的对照,正确的是( )。

A. CAD——计算机辅助制造　　　　B. CAM——计算机辅助教育

C. CIMS——计算机集成制造系统　　D. CAI——计算机辅助设计

操作部分

一、基本操作

1. 将考生文件夹下 KEEN 文件夹设置成隐藏属性。

2. 将考生文件夹下 QEEN 文件夹移动到考生文件夹下 NEAR 文件夹中,并改名为 SUNE。

3. 将考生文件夹下 DEER\DAIR 文件夹中的文件 TOUR 复制到考生文件夹下 CRY\SUMMER 文件夹中。

4. 将考生文件夹下 CREAM 文件夹中的 SOUP 文件夹删除。

5. 在考生文件夹下建立一个名为 TESE 的文件夹。

二、字处理

1. 在考生文件夹下,打开文档 WORD1.DOCX,按照要求完成下列操作并以该文件名 (WORD1.DOCX)保存文档。

(1) 将文中所有"教委"替换为"教育部",并设置为红色(标准色)、倾斜、加着重号,添加"传阅"文字水印,设置文字颜色为"橙色、个性色2、淡色60%"、文字版式为"水平"。

(2) 将标题段文字("高校科技实力排名")设置为渐变文本填充(预设颜色:底部聚光灯——个性色1,类型:矩形)、字符间距加宽4磅、三号、黑体、加粗、居中。

(3) 将正文第一段("由教育部授权,……权威性是不容置疑的。")左右各缩进2字符,悬挂缩进2字符,行距为固定值18磅;将正文第二段("根据6月7日,……高校科研经费排行榜。")分为等宽的两栏,栏间加分隔线;为"高校科研经费排行榜"这段文字加超链接,地址为 http://www.uniranks.edu.cn。

2. 在考生文件夹下,打开文档 WORD2.DOCX,按照要求完成下列操作并以该文件名 (WORD2.DOCX)保存文档。

(1) 插入一个6行6列的表格,固定列宽为2厘米,表格样式为:网格表1浅色–着色4。设置表格居中,行高为0.8厘米;设置表格外框线为3磅绿色(RGB 颜色模式:红色0、绿色250、蓝色10)单实线、内框线为1磅绿色(RGB 颜色模式:红色0、绿色250、蓝色10)单实线。

(2) 为表格加上表标题"Office 2016 表格新功能",设置标题文字为四号、加粗、居中、华文彩云;第1行第1~3列单元格分别输入"序号""功能""说明",第4~6列单元格分别输入"序号""功能""说明";再次设置第3列右侧框线为3磅绿色(RGB 颜色模式:红色0、绿色250、蓝色10)单实线,并为表格设置"重复标题行"。

三、电子表格

1. 打开工作簿文件 EXCEL.XLSX。

(1) 将工作表 Sheet1 更名为"测试结果误差表",然后将工作表的 A1:E1 单元格合并为一个单元格,内容水平居中;计算实测值与预测值之间的误差的绝对值"误差"列;评估"预测准确度"列,评估规则为:"误差"低于或等于"实测值"10%,"预测准确度"为"高";"误差"大于"实测值"10%,"预测准确度"为"低"(使用 IF 函数);利用条件格式的"数据条"下的"蓝色数据条"渐变填充修饰 A3:C14 单元格区域。

（2）选择"实测值""预测值"两列数据建立"带数据标记的折线图"，图表标题为"测试数据对比图"，图例位于图表上方，并将其嵌入到工作表的 A17:E37 区域中。

2. 打开工作簿文件 EXC.XLSX，对工作表"产品销售情况表"内数据清单的内容建立数据透视表，行标签为"分公司"，列标签为"季度"，求和项为"销售数量"，并置于现工作表的 I8:M22 单元格区域，工作表名不变，保存 EXC.XLSX 工作簿。

四、演示文稿

打开考生文件夹下的演示文稿 YSWG.PPTX，按照下列要求完成对此文稿的修饰并保存。

1. 为整个演示文稿应用"电路"主题。

2. 将第 2 张幻灯片的版式改为"两栏内容"，将考生文件夹中图片 PPT1.PNG 插入左侧内容区，幻灯片右侧内容区则插入考生文件夹中图片 PPT3.PNG。给左侧图片设置动画方式为"进入\翻转式由远及近"。给右侧图片设置动画方式为"进入\轮子"，效果选项为"4 轮辐图案"。动画顺序为先右侧图片后左侧图片。

3. 将第 3 张幻灯片的版式改为"图片与标题"，将考生文件夹中图片 PPT2.PNG 插入图片区，标题为"Open-loop Control"，设置字体为"Arial Black"、字体样式为"加粗"、字号为 40 磅，设置文字颜色为蓝色（RGB 颜色模式:红色 0,绿色 0,蓝色 230）。

4. 在第 1 张幻灯片前插入版式为"空白"的新幻灯片，并在位置（水平:2.1 厘米，自:左上角，垂直:8.24 厘米，自:左上角）插入样式为"填充-红色，着色 3;锋利棱台"的艺术字"Introduction to Feedback Control"，艺术字宽度为 21.75 厘米。设置艺术字文本效果为"转换-弯曲-正方形"、动画效果为"强调\波浪形"。设置第一张幻灯片的背景为"水滴"纹理。

5. 移动第 3 张幻灯片使它成为第 4 张幻灯片。

6. 删除第 2 张幻灯片。

7. 设置全部幻灯片切换方案为"百叶窗"，效果选项为"水平"，放映方式为"观众自行浏览"。

五、上网

1. 某模拟网站的主页地址是:http://localhosti65531/examweb/new2017/index.html，打开此主页，浏览"李白"页面，将页面中"李白"的图片保存到考生文件夹下，命名为"LIBAI.JPG"，查找"代表作"的页面内容并将它以文本文件的格式保存到考生文件夹下，命名为"LBDBZ.TXT"。

2. 给王军同学（wj@mail.cumtb.edu.cn）发送 E-mail，同时将该邮件抄送给李明老师（lm@sina.com）。

（1）邮件内容为"王军:您好! 现将资料发送给您,请查收。赵华"。

（2）将考生文件夹下的 JXJXKJJ.TXT 文件作为附件一同发送。

（3）在邮件的"主题"栏中填写"资料"。

第2套

理论部分

选择题

1. 在计算机内部用来传送存储、加工处理的数据或指令所采用的形式是( )。

A. 十进制码 B. 二进制码 C. 八进制码 D. 十六进制码

2. 在微机的硬件设备中,有一种设备在程序设计中既可以当作输出设备,又可以当作输入设备,这种设备是( )。

A. 绘图仪 B. 扫描仪 C. 写笔 D. 磁盘驱动器

3. 在计算机中,组成一个字节的二进制位数是( )。

A. 1 B. 2 C. 4 D. 8

4. 下列关于 ASCII 编码的叙述,正确的是( )。

A. 一个字符的标准 ASCII 码占一个字节,其最高二进制位总为 1

B. 所有大写英文字母的 ASCII 码值都小于小写英文字母"a"的 ASCII 码值

C. 所有大写英文字母的 ASCII 码值都大于小写英文字母"a"的 ASCII 码值

D. 标准 ASCII 码表有 256 个不同的字符编码

5. 计算机硬件能直接识别、执行的语言是( )。

A. 汇编语信 B. 机器语信 C. 高级程序语言 D. C++语言

6. 下列叙述正确的是( )。

A. C++是一种高级程序设计语言

B. 用 C++程序设计语言编写的程序可以无须经过编译就能直接在机器上运行

C. 汇编语言是一种低级程序设计语言,且执行效率很低

D. 机器语言和汇编语言是同一种语言的不同名称

7. 对 CD-ROM 可以进行的操作是( )。

A. 读或写 B. 只能读不能写 C. 只能写不能读 D. 能存不能取

8. 通常打印质量最好的打印机是( )。

A. 针式打印机 B. 点阵打印机 C. 喷墨打印机 D. 激光打印机

9. 字长是 CPU 的主要性能指标之一,它表示( )。

A. CPU 一次能处理二进制数据的位数 B. CPU 最长的十进制整数的位数

C. CPU 最大的有效数字位数 D. CPU 计算结果的有效数字长度

10. 按电子计算机传统的分代方法,第一代至第四代计算机依次是( )。

A. 机械计算机,电子管计算机,晶体管计算机,集成电路计算机

B. 晶体管计算机,集成电路计算机,大规模集成电路计算机,光器件计算机

C. 电子管计算机,晶体管计算机,小、中规模集成电路计算机,大规模和超大规模集成电路计算机

D. 手摇机械计算机,电动机械计算机,电子管计算机,晶体管计算机

11. KB(千字节)是度量存储器容量大小的常用单位之一,1KB 等于( )。

A. 1000 个字节　　　B. 1024 个字节　　　C. 1000 个二进位　　D. 1024 个字

12. 用"综合业务数字网"(又称"一线通")接入因特网的优点是上网通话两不误,它的英文缩写是(　　　)。

A. ADSL　　　　　　B. ISDN　　　　　　C. ISP　　　　　　D. TCP

13. 下列关于电子邮件的说法,正确的是(　　　)。

A. 电子邮件的英文简称是 E-mail

B. 加入因特网的每个用户通过申请都可以得到一个"电子信箱"

C. 在一台计算机上申请的"电子信箱",以后只有通过这台计算机上网才能收信

D. 一个人可以申请多个电子信箱

14. Internet 中不同网络和不同计算机相互通信的基础是(　　　)。

A. ATM　　　　　　B. TCP/IP　　　　　C. Nove11　　　　　D. X.25

15. 能保存网页地址的文件夹是(　　　)。

A. 收件箱　　　　　B. 公文包　　　　　C. 我的文档　　　　D. 收藏夹

16. 通常所说的计算机主机是指(　　　)。

A. CPU 和内存　　　　　　　　　B. CPU 和硬盘

C. CPU、内存和硬盘　　　　　　　D. CPU、内存与 CD-ROM

17. 下列能完整描述计算机操作系统作用的表述是(　　　)。

A. 它是用户与计算机的界面

B. 它对用户存储的文件进行管理

C. 它执行用户键入的各类命令

D. 它管理计算机系统的全部软、硬件资源,合理组织计算机的工作流程,以达到充分发挥计算机资源的效率,为用户提供使用计算机的友好界面

18. 组成一个计算机系统的两大部分是(　　　)。

A. 系统软件和应用软件　　　　　B. 硬件系统和软件系统

C. 主机和外部设备　　　　　　　D. 主机和输入/输出设备

19. 下列软件属于应用软件的是(　　　)。

A. Windows XP　　B. PowerPoint 2003　C. UNIX　　　　　D. Linux

20. 最常用的输入设备是(　　　)。

A. 扫描仪　　　　　B. 绘图仪　　　　　C. 鼠标器　　　　　D. 磁盘驱动器

操作部分

一、基本操作

1. 将考生文件夹下 FENG\WANG 文件夹中的文件 BOOK.PRG 移动到考生文件夹下 CHANG 文件夹中,并将该文件改名为 TEXT.PRG。

2. 将考生文件夹下 CHU 文件夹中的文件 JIANG.TMP 删除。

3. 将考生文件夹下 REI 文件夹中的文件 SONG.FOR 复制到考生文件夹下 CHENG 文件夹中。

4. 在考生文件夹下 MAO 文件夹中建立一个新文件夹 YANG。

5. 将考生文件夹下 ZHOU\DENG 文件夹中的文件 OWER.DBF 设置为隐藏属性。

二、文字处理

在考生文件夹下，打开文档 WORD.DOCX，按照要求完成下列操作并以该文件名（WORD.DOCX）保存文档。

1. 将标题段文字（"世界经济论坛发布《2018 年全球竞争力报告》"）的格式设置为三号、红色（标准色）、微软雅黑、加粗、居中，并将其阴影效果设置为"外部/偏移:左上"、发光效果设置为"发光变体/发光:5 磅;灰色,主题色 3"、字体颜色的渐变效果设置为"深色变体/从右上角"。

2. 设置纸张页面大小为"A4(21 厘米×29.7 厘米)"，上、下、左、右页边距均为 3.5 厘米，装订线位于左侧 0.5 厘米处;在页面底端插入"堆叠纸张 1"样式页码，设置页码的编号格式为"Ⅰ,Ⅱ,Ⅲ,…"，起始页码为"Ⅲ";将页面颜色的填充效果设置为"渐变颜色预设:麦浪滚滚";给页面添加 25 磅宽、红果样式的艺术型边框。

3. 设置正文各段落（"2018 年 10 月 17 日……第 72 位。"）的中文为小四号、宋体，西文为小四号、Arial 字体;设置各段落的段落格式为首行缩进 2 字符、1.25 倍行距、段前间距 0.5 行;将正文最后一段（"在主要……第 72 位。"）分为等宽两栏，栏间添加分隔线。

4. 将文中最后 12 行文字转换成一个 12 行 4 列的表格;设置表格居中，表格中所有内容水平居中，设置表格列宽为 2.3 厘米、行高为 0.7 厘米、单元格的左右边距均为 0.25 厘米;设置表格第一行为重复标题行，按"2016 年"列，依据"数字"类型升序排列表格内容。为表格标题文字（"2016—2018 年部分国家全球竞争力排名"）插入脚注，脚注内容为"资料来源:世界经济论坛"。

5. 设置表格外框线和第一、二行间的内框线为红色（标准色）0.75 磅双窄线、内框线为红色（标准色）0.5 磅单实线;删除表格左右两侧的外框线;设置表格第一行的底纹颜色为主题颜色"浅灰色,背景 2,深色 10%"。

三、电子表格

打开工作簿文件 EXCEL.XISX，按照下列要求完成操作并保存。

1. 选择 Sheet1 工作表，将 A1:F1 单元格区域合并为一个单元格，文字居中对齐;利用 SUM 函数计算"工资合计"列内容（数值型，保留小数点后 0 位）;计算员工的平均工资，置于 F25 单元格内（数值型，保留小数点后 1 位）;利用 AVERAGEIF 函数计算学历为"本科""硕士""博士"员工的平均工资，置于 J3:J5 单元格区域（数值型，保留小数点后 1 位）;利用 COUNTIFS 函数计算工资合计范围和职称同时满足条件要求的员工人数，置于 K9:K11 单元格区域（条件要求详见 Sheet1 工作表中的统计表 2）。利用条件格式，将"工资合计"列 F3:F24 单元格区域内值最大的 15% 设置为"浅绿填充色,绿色文本"、低于平均值的值设置为"浅红填空色,深红色文本"。

2. 选取 Sheet1 工作表中统计表 2 中的"工资合计"列（I8:I11）、"职称"列（J8:J11）和"人数"列（K8:K11）数据区域的内容建立"三维簇状柱形图"，图表标题为"员工工资统计图";图表标题位于图表上方，以图表样式 7 修饰图表，在顶部显示图例，设置图表背景墙为"虚线网格"形式的图案填充;将图表插入到当前工作表的 H13:N27 单元格区域内，将 Sheet1 工作表命名为"员工工资统计表"。

3. 选择"图书销售统计表"工作表，对工作表内数据清单的内容按主要关键字"图书类别"的降序和次要关键字"季度"的升序进行排序，对排序后的数据进行筛选，条件为:

科学和交通科学、销售数量排名高于 45。工作表名不变,保存 EXCEL.XLSX 工作簿。

四、演示文稿

打开考生文件夹下的演示文稿 YSWG.PPTX,按照下列要求完成对此文稿的修饰并保存。

1. 设置幻灯片的大小为"全屏显示(16∶9)";为整个演示文稿应用"切片"主题,背景样式为"样式 6"。

2. 在第 1 张幻灯片前插入一张新幻灯片,版式为"空白",设置第 1 张幻灯片的背景为"水滴"的纹理填充;插入样式为"渐变填充深绿,着色 4,轮廓着色 4"的艺术字,并将其设置为"水平居中"和"垂直居中";艺术字文字为"浓香型铁观鹊龙茶",文字大小为 66 磅。

3. 将第 2 张幻灯片的版式改为"标题和内容",设置标题文字字体为"隶书",字号为 20 磅。将考生文件夹下的图片文件 PPT1.JPG 插入到上侧栏中,图片样式为"棱台形椭圆,色",图片效果为"发光\橙色,11PT 发光,个性色 5",将图片动画设置为"进入形状"。

4. 在第 3 张幻灯片前面中插入一张新幻灯片,版式为"标题和内容",在标题处输入文字"冲泡方法",在文本框中按顺序输入第 4 到第 9 张幻灯片的标题,添加相应幻灯片的超链接。

5. 将第 9 张幻灯片的版式改为"两栏内容",将考生文件夹下的图片文件 PPT2.JPG 插入到右侧栏中,图片样式为"映像圆角矩形",将图片动画设置为"进入\飞入",左侧栏中文字动画设置为"进入\浮入"。

6. 在幻灯片的最后插入一张版式为"标题和内容"的幻灯片,在标题处输入文字"产品信息",在上侧栏中插入一个 SmartArt 图形,结构如右图所示,图中的所有文字从考生文件夹下的文件"素材.TXT"中获取。

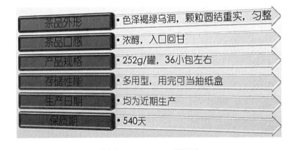

插入 SmartArt 图形

7. 将最后一张幻灯片的 SmartArt 动画设置为"进入\浮入",效果选项为"下浮",序列为"逐个级别";将标题文字动画设置为"进入出现";动画顺序是先文字后结构图。

8. 设置全体幻灯片切换方式为"华丽型\帘式",且每张幻灯片的切换时间是 5 秒;将放映方式设置为"观众自行浏览(窗口)"。

五、上网

1. 某模拟网站的地址为 http∶//localhost/index.htm,打开此网站,找到参加"最强大脑"活动的"报名方式"页面,将报名方式的内容作为 Word 文档的内容,并将此 Word 文档保存到考生文件夹下,命名为 BAOMING.DOCX。

2. 接收并阅读来自同事小张(zhangqiang@ncre.com)的邮件,主题为"值班表"。将邮件中的附件"值班表.DOCX"保存到考生文件夹下,回复该邮件,回复内容为"值班表已收到,会按时值班,谢谢!"。

第3套

理论部分

选择题

1. 在 Windows 文件夹中可以包含(   )。

A. 文件 　　　　　　　　　　　　　　　B. 文件、快捷方式

C. 文件、文件夹、快捷方式 　　　　　　D. 文件、文件夹

2. HTTP 的意思是(   )。

A. 文件传输协议 　　　　　　　　　　　B. 超文本传输协议

C. 广域信息服务器 　　　　　　　　　　D. 搜索引擎

3. 在 Windows 中,下列叙述错误的是(   )。

A. 可支持鼠标操作 　　　　　　　　　　B. 可同时运行多个程序

C. 不支持即插即用 　　　　　　　　　　D. 桌面上可同时容纳多个窗口

4. CIH 病毒之所以引起人们的普遍重视,主要是因为其(   )。

A. 具有极大的传染力 　　　　　　　　　B. 对系统文件具有极大的破坏性

C. 具有极大的隐蔽性 　　　　　　　　　D. 对软、硬件具有破坏作用

5. 在 7 位 ASCII 码中,除了表示数字、英文大小写字母外,其他字符的个数是(   )。

A. 63 　　　　　　B. 66 　　　　　　C. 80 　　　　　　D. 32

6. 将十进制数 26 转换成二进制数是(   )。

A. 11010 　　　　B. 01011 　　　　C. 11100 　　　　D. 10011

7. 将二进制数 100100111 转换成十六进制数是(   )。

A. 234 　　　　　B. 124 　　　　　C. 456 　　　　　D. 127

8. 因特网电子公告栏的缩写名是(   )

A. FTP 　　　　　B. BBS 　　　　　C. WWW 　　　　D. IP

9. 如果删除一个非零无符号二进制偶整数后的一个 0,则此数的值为原数的(   )。

A. 4 倍 　　　　　B. 1/2 　　　　　C. 2 倍 　　　　　D. 1/4

10. 采样频率为 22.05 kHz、量化精度为 16 位、持续时间为 2 分钟的双声道声音,未压缩时数据量是(   )MB。

A. 16 　　　　　　B. 10 　　　　　　C. 22 　　　　　　D. 5

11. 一种计算机所能识别并能运行的全部指令的集合,称为该种计算机的(   )。

A. 程序 　　　　　B. 二进制代码 　　　C. 软件 　　　　　D. 指令系统

12. 计算机内部存放一个 7 位 ASCII 码需用的字节数是(   )。

A. 1 　　　　　　B. 2 　　　　　　C. 3 　　　　　　D. 4

13. 下列字符,其 ASCII 码值最大的是(   )。

A. 5 　　　　　　B. W 　　　　　　C. K 　　　　　　D. x

14. 下列叙述正确的是(　　)。

A. 计算机系统是由主机、外设和系统软件组成的

B. 计算机系统是由硬件系统和应用软件组成的

C. 计算机系统是由硬件系统和软件系统组成的

D. 计算机系统是由微处理器、外设和软件系统组成的

15. 在 Excel 中,将满足条件的单元格以特定格式显示,需要使用 Excel 的(　　)功能。

A. 利用工具栏的"格式"按钮直接设置　　B. 通过编辑栏设置格式

C. 自动套用格式　　　　　　　　　　D. 条件格式

16. 下列关于页眉和页脚的描述错误的是(　　)。

A. 在页眉和页脚中,可以设置页码

B. 首页不能显示页眉和页脚

C. 一般情况下,页眉和页脚适用于整个文档

D. 奇数页和偶数页可以有不同的页眉和页脚

17. 在网页上常见的二维动画图像文件格式是(　　)。

A. jpg　　　　　　　B. bmp　　　　　　　C. gif　　　　　　　D. 其他三项都可

18. 记录在外存上的一组相关信息的集合称为(　　)。

A. 数字　　　　　　　B. 文件　　　　　　　C. 内存储器　　　　　　D. 外存储器

19. 下列关于"计算机指令"的叙述,正确的是(　　)。

A. 指令就是程序的集合

B. 指令是一组二进制或十六进制代码

C. 所有计算机具有相同的指令格式

D. 指令通常由操作码和操作数两部分组成

20. 高速缓冲存储器是为了解决(　　)。

A. CPU 与内存储器之间速度不匹配问题

B. CPU 与辅助存储器之间速度不匹配问题

C. 内存与辅助存储器之间速度不匹配问题

D. 主机与外设之间速度不匹配问题

操作部分

一、基本操作

1. 将考生文件夹下 TIUIN 文件夹中的文件 ZHUCE.BAS 删除。

2. 将考生文件夹下 VOTUNA 文件夹中的文件 BOYABLE.DOCX 复制到同一文件夹下,并命名为 SYD.DOCX。

3. 在考生文件夹下 SHEART 文件中新建一个文件 RESTICK。

4. 将考生文件夹下 BENA 文件夹中的文件 RPRODUCT.WRI 设置为只读属性,并撤销该文档的存档属性。

5. 将考生文件夹下 HWAST 文件夹中的文件 XIAN.FPT 重命名为 YANG.FPT。

二、字处理

在考生文件夹下，打开文档 WORD1.DOCX，按照要求完成下列操作并以该文件名（WORD1.DOCX）保存文档。

1. 将文中所有"经纪"替换为"经济"；将标题段文字（"六指标凸显 60 多年来中国经济变化"）设置为小二号、红色（标准色）、黑体、加粗、居中，字间距加宽 2 磅，段后间距为 1 行；为标题段文字添加蓝色（标准色）双波浪下划线，并设置文字阴影效果为"外部\向右偏移"。

2. 设置正文各段落（"对于……很长路要走。"）首行缩进 2 字符、1.25 倍行距；为正文第三段至第八段（"综合国力……迈进。"）添加"1)，2)，3)，…"样式的自动编号。将正文第九段（"中国……很长的路要走。"）分为等宽的两栏，栏间添加分隔线；为表题（"2016 年 GDP 排名前 10 位的国家"）添加脚注，脚注内容为"来源：世界银行资料"。

3. 设置页面左、右页边距均为 3.5 厘米，装订线位于左侧 1 厘米处，在页面底端插入"普通数字 2"样式页码，并设置页码编号格式为"i,ii,iii,…"、起始页码为"iii"；为文档添加文字水印，水印内容为"伟大祖国"，水印颜色为红色（标准色）。

4. 将正文中最后 11 行文字转换为 11 行 4 列的表格；设置表格居中，表格中第一行和第一、二列的内容水平居中、其余内容中部右对齐；设置表格第一、二列列宽为 2 厘米，第三、四列列宽为 3 厘米，行高为 0.6 厘米；设置表格单元格的左边距为 0.1 厘米、右边距为 0.4 厘米。

5. 用表格第一行设置表格"重复标题行"；按主要关键字"人均 GDP（美元）"列依据"数字"类型降序排列；设置表格外框线和第一、二行间的内框线为蓝色（标准色）1.5 磅单实线、其余内框线为蓝色（标准色）0.5 磅单实线。

三、电子表格

打开工作簿文件 EXCEL.XLSX。按照下列要求完成操作并保存。

1. 选择工作表 Sheet1，将 A1:E1 单元格区域合并为一个单元格，内容居中并对齐；计算"工资总额"列并置于 E3:E24 单元格区域（利用 SUM 函数，数值型，保留小数后 0 位）；计算"高工""中级工程师""助理工程师"职称的人数并置于 H3:H5 单元格区域（利用 COUNTIF 函数），计算人数总计并置于 H6 单元格；计算各工资范围的人数并置于 H9:H12 单元格区域（利用 COUNTIF 函数），计算每个区域人数占人员总人数的百分比并置于 I9:I12 单元格区域（百分比型，保留小数点后 2 位），利用条件格式将 E3:E24 单元格区域高于平均值的单元格设置为"绿填充，深绿色文本"、低于平均值的单元格设置为"浅红色填充"。

2. 选取 Sheet1 工作表中"工资总额范围"列（G8:G12）和"所占百分比"列（I8:I12）数据区域的内容建立"三维簇状柱形图"，图表标题为"工资统计图"，图例位于顶部，为图表添加"数据表/无图例项标示"；设置图表背景墙为"橄榄色，个性色 3，淡色 80%"，纯色填充；将图表插入到当前工作表的 G15:M30 单元格区域内，将 Sheet1 工作表命名为"工资统计表"。

3. 选择"工具销售统计表"工作表，对工作表内数据清单的内容按主要关键字"经销部门"的升序和次要关键字"工具类别"的降序进行排序；对排序后的数据进行筛选，条件为：第 1 分部和第 3 分部、销售额排名小于 10，工作表名不变，保存 EXCEL.XLSX 工作簿。

四、演示文稿

打开考生文件夹下的演示文稿 YSWG.PPTX,按照下列要求完成对此文稿的修饰并保存。

1. 在第 1 张幻灯片前插入 4 张新幻灯片,第 1 张幻灯片的页脚内容为"D",第 2 张幻灯片的页脚内容为"C",第 3 张幻灯片的页脚内容为"B",第 4 张幻灯片的页脚内容为"A"。

2. 为整个演示文稿应用"切片"主题,放映方式为"观众自行浏览"。幻灯片大小设置为"A3 纸张(297 毫米×420 毫米)",按各幻灯片页脚内容的字母顺序重排所有幻灯片的顺序。

3. 第 1 张幻灯片的版式为"空白",并在位置(水平:4.58 厘米,自:左上角,垂直:11.54 厘米,自:左上角)插入样式为"填充-白色,文本色 1;阴影"的艺术字"紫洋葱拌花生米",艺术字宽度为 27.2 厘米,高为 3.57 厘米。艺术字文字效果为"转换-弯曲-v 形:倒"。将艺术字动画设置为"强调\陀螺旋",效果选项为"旋转两周"。第 1 张幻灯片的背景样式设置为"样式 2"。

4. 第 2 张幻灯片版式为"比较",主标题为"洋葱和花生是良好的搭配",将考生文件夹中 SC.DOCX 文档第 4 段文本("洋葱和花生….威力。")插入到左侧内容区,将考生文件夹下的图片文件 PPT3.JPG 插入到右侧的内容区。

5. 第 3 张幻灯片版式为"图片与标题",标题为"花生利用补充抗氧化物资",将第 5 张幻灯片左侧内容区全部文字移到第 3 张幻灯片标题区下半部的文本区。将考生文件夹下的图片文件 PPT2.JPG 插入到图片区。

6. 第 4 张幻灯片版式为"两栏内容",标题为"洋葱营养丰富",将考生文件夹下的图片文件 PPT1.JPG 插入到右侧的内容区,将考生文件夹中 SC.DOCX 文档中第 1 段和第 2 段文字("洋葱是…黄洋葱。")插入到左侧内容区。图片样式为"棱台透视",图片效果为"棱台\柔圆"。给图片设置动画"强调\跷跷板",给左侧文字设置动画"进入\曲线向上",设置动画顺序为先文字后图片。

五、上网

请根据题目要求,完成下列操作:

1. 某模拟网站的主页地址是:http://localhost/index.html,打开此主页,浏览"绍兴名人"页面,查找介绍"周恩来"的页面内容,将页面中周恩来的照片保存到考生文件夹下,命名为"ZHOUENLAI.JPG",并将此页面内容以文本文件的格式保存到考生文件夹下,命名为"ZHOUENLAI.TXT"。

2.(1)接收并阅读由 wj@ mail.cumtb.edu.cn 发来的 E-mail,将随信发来的附件以文件名 wj.txt 保存到考生文件夹下。

(2)回复该邮件,回复内容为"王军:您好! 资料已收到,谢谢。李明"。

(3)将发件人添加到通讯簿中,并在其中的"电子邮箱"栏填写"wj@ mail.cumtb.edu.cn","姓名"栏填写"王军"。其余栏目缺省。